Esboço de psicanálise
1938

O livro é a porta que se abre para a realização do homem.

Jair Lot Vieira

SIGMUND FREUD

Esboço de psicanálise
1938

Prefácio
GUILHERME MARCONI GERMER
Doutor em Filosofia pela Unicamp,
pós-doutor em Filosofia pela USP.

Tradução
SAULO KRIEGER
Graduado em Filosofia pela Universidade de São Paulo (USP)
e doutor em Filosofia pela Unifesp, foi bolsista Capes na Université
de Reims, na França. É autor de *O cerne oculto do projeto de Nietzsche:
logos vs. pathos no ato de filosofar* (Ideias e Letras, 2022).

edipro

Copyright da tradução e desta edição © 2019 by Edipro Edições Profissionais Ltda.

Título original: *Abriss der Psychoanalyse*. Publicado pela primeira vez em Londres no *Internationalen Zeitschrift für Psychoanalyse und Imago*, vol. XXV, nº 1, em 1940. Traduzido a partir da 1ª edição (em alemão).

Todos os direitos reservados. Nenhuma parte deste livro poderá ser reproduzida ou transmitida de qualquer forma ou por quaisquer meios, eletrônicos ou mecânicos, incluindo fotocópia, gravação ou qualquer sistema de armazenamento e recuperação de informações, sem permissão por escrito do editor.

Grafia conforme o novo Acordo Ortográfico da Língua Portuguesa.

1ª edição, 1ª reimpressão 2025.

Editores: Jair Lot Vieira e Maíra Lot Vieira Micales
Edição de texto: Marta Almeida de Sá
Produção editorial: Carla Bitelli
Assistente editorial: Thiago Santos
Capa: Marcela Badolatto
Preparação: Thiago de Christo
Revisão: Vânia Valente
Editoração eletrônica: Estúdio Design do Livro

Dados Internacionais de Catalogação na Publicação (CIP)
(Câmara Brasileira do Livro, SP, Brasil)

Freud, Sigmund, 1856-1939.

Esboço de psicanálise (1938) / Sigmund Freud ; tradução de Saulo Krieger ; prefácio de Guilherme Marconi Germer. – São Paulo : Cienbook, 2019.

Título original: Abriss der Psychoanalyse.
ISBN 978-85-68224-08-3 (impresso)
ISBN 978-85-68224-09-0 (e-pub)

1. Freud, Sigmund, 1856-1939 2. Psicanálise 3. Psicologia I. Germer, Guilherme Marconi. II. Título.

18-22639   CDD-150.1952

Índice para catálogo sistemático:
1. Psicanálise freudiana : Psicologia 150.1952
Iolanda Rodrigues Biode – Bibliotecária – CRB-8/10014

São Paulo: (11) 3107-7050 • Bauru: (14) 3234-4121
www.edipro.com.br • edipro@edipro.com.br
@editoraedipro @editoraedipro

Sumário

Prefácio	7
Introdução	25

PARTE I – DA NATUREZA DO PSÍQUICO

Capítulo 1: O aparelho psíquico	29
Capítulo 2: A teoria pulsional	32
Capítulo 3: O desenvolvimento da função sexual	36
Capítulo 4: Qualidades psíquicas	41
Capítulo 5: Interpretação do sonho como explicitação	49

PARTE II – A TAREFA PRÁTICA

Capítulo 6: A técnica psicanalítica	59
Capítulo 7: Uma prova do trabalho psicanalítico	69

PARTE III – O GANHO TEÓRICO

Capítulo 8: O aparelho psíquico e o mundo exterior	83
Capítulo 9: O mundo interior	93

Prefácio

Ernest Jones conta que Adolf Hitler teve "pleno êxito" na "liquidação" da psicanálise na Alemanha e na Áustria na década de 1930, de modo que, mesmo "vinte anos depois, o conhecimento dessa ciência se encontrava em um nível mais baixo nesses países, digamos, do que no Brasil ou no Japão".[1] Após a ascensão de Hitler ao cargo de chanceler da Alemanha, em 1933, e do conseguinte recrudescimento do antissemitismo e da barbárie nessa nação, muitos colegas de Freud instaram-lhe que migrasse à Inglaterra. Como Lightollerm, porém, o capitão do Titanic, "que em nenhum momento abandonou seu barco, até que esse o abandonou",[2] Freud permaneceu em Viena até 1938, de onde partiria já de um cenário nazificado. Para tanto, foi necessária a mobilização de algumas das figuras mais importantes do conturbado contexto internacional, o que, junto aos problemas de saúde de Freud, fizeram com que a migração fosse muito fatigosa. Nesse mesmo ano de 1938, Freud escreveu o *Abriss der Psychoanalyse* (*Esboço de psicanálise*), que seria publicado dois anos depois, no *Internazionale Zeitschrift für Psychoanalysis und Imago*,[3] e traduzido ao inglês no mesmo ano, no *International Journal of Psychoanalysis*, com o título *An Outline of Psychoanalysis*.[4]

Que Freud tenha conseguido expor nesse texto uma das sínteses mais respeitadas da história da psicanálise, apesar de todas as adversidades internas e externas que o rodeavam, é algo muito admirável e que atesta uma vitalidade excepcional sua: *Esboço de psicanálise* consiste em uma introdução clara e concisa às suas principais hipóteses sobre o funcionamento do aparelho psíquico e o método de influência

---

1. Ernest Jones. *Vida y Obra de Sigmund Freud* – Tomo III. Trad.: Mario Carklisky e José Tembleque. Barcelona: Editorial Anagrama, 1970, tomo III, p. 220. Salvo quando houver outra indicação, as traduções para o português serão de nossa autoria.
2. *Ibidem*, p. 249.
3. Vol. 25, n. 1, p. 7-67.
4. Vol. 21, n. 1, p. 27-82, trad.: J. Strachey.

sobre ele, que tem a vantagem de ser a mais tardia de suas introduções. Assim, se Luiz Roberto Monzani tem razão quando afirma que o desenvolvimento do pensamento freudiano se assemelha a uma "espiral",[5] que sempre retoma posições anteriores em um ponto mais avançado, o ingresso no freudismo via *Esboço de psicanálise* é altamente recomendado. Essa vantagem de, diferentemente de outros textos, se apoiar em mais de meio século de estudos psicológicos e trabalho clínico de seu autor, sem dúvida alguma, compensa a desvantagem de ter permanecido inédito durante a vida de Freud, e só ter sido publicado um ano após sua morte, com a necessidade de alguns complementos dos editores alemães.

Em suas primeiras palavras, Freud enuncia que a justificativa da psicanálise repousa em seus resultados. Do ponto de vista objetivo, isso significa que o controle e a cura dos conflitos psíquicos por ela promovida, apresentados em detalhes em sua literatura clínica, fundamentam suas especulações teóricas que, por um lado, organizam as conclusões mais universais que brotam da terapia e, por outro, a enriquecem, inversamente, com o aprofundamento na compreensão do psíquico. Outro caminho possível de defesa da legitimidade epistemológica da psicanálise é o que apela menos à impossível tarefa de demonstração concreta de suas premissas, ao modo positivista, e destaca mais a resistência destas ante as mais rigorosas tentativas já empreendidas de sua refutação e falsificação. Essa segunda justificativa se harmoniza com a concepção epistemológica do dedutivismo, proposto por Karl Popper,[6] enquanto a primeira tem sua origem no positivismo.

Entre os aspectos subjetivos que, não sem menor valor, igualmente validam o trabalho freudiano, destaca-se o fato de o próprio Freud ter demonstrado, sobretudo nos últimos anos de sua obra e biografia, que foi muito bem-sucedido em sua própria autoanálise – a qual Jones considera, com justeza, a "façanha mais heroica de sua vida".[7]

---

5. Luiz Roberto Monzani, *Freud: O Movimento de um Pensamento*. Campinas: Ed. Unicamp, 1999, p. 303.
6. Cf. *A Lógica da Pesquisa Científica*, Trad.: L. Hegenberg e O. Silveira da Mota. São Paulo: Editora Cultrix. 2016.
7. Ernest Jones, *op. cit.*, 1970, tomo I, p. 317.

Uma vez que a exposição metapsicológica e justificativa dos pilares essenciais da psicanálise foi realizada por Freud, com bastante primor, tanto nesse como em outros textos, enfatizaremos, aqui, essa "justificativa subjetiva" da psicanálise, a saber, o heroísmo pessoal de seu criador contra as dolorosas adversidades, experimentado no cume de seu legado pessoal e científico. Esperamos, com esta apresentação, portanto, não apenas contextualizar os sombrios tempos em que *Esboço de psicanálise* foi escrito, mas, sobretudo, registrar o fato de Freud ter sido um vencedor, também, em sua própria terapia: a luta contra o câncer, a velhice e a terrível década de 1930 não o abateram, mas parecem ter, inclusive, alimentado ainda mais sua conhecida valentia e fomentado sua vitória pessoal e intelectual, que certamente devem ser computadas entre as diversas provas da eficiência lenta, porém soberana, da psicanálise.

"Não foi a primeira vez" – relata Jones – que ele se viu surpreso com "o grau de ingenuidade a que pode chegar um distinto homem das ciências quanto aos assuntos do mundo",[8] quando o prêmio Nobel de física e então presidente da Royal Society, William Bragg, perguntou-lhe, diante da possibilidade de aceitação da imigração de Freud em Londres: "O senhor realmente acredita que os alemães não tratam bem os judeus?".[9] Nas antípodas da desinformação do importante cientista, Freud já dava mostras, desde *Por que a guerra?* (1931) e em cartas do começo dessa década, de que estava muito cônscio do terror que espreitava o mundo, a partir dos sucessivos golpes políticos do partido nazista na Alemanha. Em abril de 1933, Freud compartilhou com sua amiga Marie Bonaparte essa preocupação com as seguintes palavras:

> Caminhamos rumo a uma ditadura da direita, o que significa que a social-democracia será reprimida (...). Creio que nem na guerra dominaram tanto as cenas de mentiras e frases ocas como hoje. O mundo se converteu em uma enorme prisão, e a Alemanha é a pior cela. Em relação ao que ocorrerá na Áustria, é muito difícil de prever. Vejo algo surpreendentemente paradoxal na Alemanha: começaram por combater o comunismo como seu

---

8. Ernest Jones, *op. cit.*, 1970, p. 252.
9. *Ibidem.*

inimigo de morte, mas terminarão em algo muito difícil de se distinguir do comunismo, exceto, talvez, pelo fato de que o bolchevismo, depois de tudo, adotou alguns ideais revolucionários, enquanto os ideais do hitlerismo são completamente medievais e reacionários. Tenho a impressão de que o mundo perdeu a vitalidade e está condenado à perdição.[10]

Em 10 de maio de 1933, os próprios nazistas comprovaram o diagnóstico anterior de Freud, especialmente no que toca à bestialidade da natureza nazista, quando queimaram uma série de obras psicanalíticas, em um espetáculo bárbaro, na Opernplatz de Berlim. Os argumentos de semelhante monstruosidade foram, obviamente, anticientíficos: a psicanálise era estranha ao espírito alemão, tinha uma origem judaica e exaltava a irracionalidade (sic). Desde então, a Sociedade Alemã de Psicoterapia e sua revista principal, o *Zentralblatt für Psychotherapie*, foram "reajustadas" aos princípios hitleristas. Oficiais nazistas foram introduzidos em suas diretorias e passaram a cobrar o estudo intenso do *Mein Kampf*, de Hitler. E a pauta suprema de suas discussões se tornou a distinção racista entre a psicologia ariana e a psicologia judaica. A partir de 3 de março de 1936, a Alemanha proibiu oficialmente o trabalho médico de qualquer judeu em seu território, e, em 13 de maio desse mesmo ano, a já há muito adulterada Sociedade Alemã de Psicoterapia rompeu, definitivamente, com a Sociedade Psicanalítica Internacional. A prática da psicanálise foi abolida em todo o país, e as muito empobrecidas conferências sobre psicologia realizadas em suas universidades só podiam mencionar os trabalhos de Freud por meio de alusões subliminares.

No avesso desse cenário medieval, o reconhecimento internacional da psicanálise não parava de crescer: em 1935, os membros da Royal Society of Medicine decidiram, por unanimidade, convidar Freud a se tornar membro honorário seu, o que foi aceito pelo austríaco com enorme honra e satisfação. Um ano depois, as Associações Psiquiátrica, Psicanalítica e Neurológica Americanas e a Associação Psicanalítica Francesa também o convidaram a ser membro honorário, e tiveram seus convites aceitos. Em 6 de maio de 1936, no aniversário de 80 anos

---

10. Sigmund Freud *apud* Ernest Jones, *op. cit.*, 1970, I, p. 217-218.

de Freud, Jones conta que o autor viu todas as habitações de sua casa convertidas "em uma verdadeira floricultura".[11] Visitaram-no pessoalmente ninguém menos do que Thomas Mann, Virginia Woolf, Stefan Zweig, Romain Rolland, Herbert Wells, Jules Romains e muitos outros escritores, artistas e amigos. Entre as inúmeras cartas que chegaram de todos os cantos do mundo, expressando sempre carinho e admiração, uma em especial o alegrou: a de Albert Einstein, de Princeton. Einstein brindava, nela, com palavras doces e sinceras, a felicidade por ter pertencido à geração que conheceu, em vida, o surgimento do "grande mestre" do inconsciente. Entre outras manifestações de admiração e carinho, Einstein revelou que, em especial, a teoria freudiana da repressão o fascinava, "na medida em que é sempre encantador ver uma grande e charmosa concepção concordar com a realidade".[12] Freud respondeu a Einstein dizendo muito se alegrar e, inclusive, se surpreender com as amigáveis palavras: farejou, nelas, sentimentos reais, cujo espaço acreditava ser ocupado pela "admiração por cortesia" e pelo descrédito.[13]

O insurgente antissemitismo na Áustria, porém, levou os oficiais dominantes a proibir, sob pena de confiscação, a menção do aniversário de Freud, da parte de qualquer jornal, e principalmente o registro da cerimoniosa felicitação que lhe foi endereçada pelo ministro da Educação. Em resistência frontal a essa discriminação, Mann proferiu, dois dias depois do aniversário de Freud, na Sociedade Acadêmica de Psicologia Médica de Viena, a célebre conferência "Freud e o Futuro", que publicaria três meses depois. Freud ficou muito lisonjeado com a homenagem recebida do Nobel de literatura, e se orgulhou, especialmente, por ter sido ombreado, nela, com Schopenhauer e Nietzsche. No início dessa conferência, Mann parabenizou Freud por ter criado seu "método geral de pesquisa e técnica terapêutica"[14] sem o conhecimento profundo de Nietzsche, Novalis, Kierkegaard e Schopenhauer, e com base, apenas, ou mormente, em suas necessidades e observações científicas e terapêuticas.

---

11. *Idem*, p. 234.
12. *Idem*, p. 235.
13. *Idem*, p. 236.
14. Thomas Mann, *Freud and the Future. In: Essays of Three Decades*. Trad.: H. T. Lowe-Porter. Nova York: Alfred A. Knopf. 1948. p. 412.

"A força motriz de sua atividade provavelmente foi enriquecida por essa liberdade em relação a qualquer vantagem especial",[15] como, por exemplo, a erudição em filosofia ou letras, que, de fato, poderia ter atrapalhado sua imparcialidade. Em justiça, porém, ao conhecido fato de Freud tampouco ter sido um completo leigo em filosofia e literatura e jamais ter abandonado o desejo juvenil de se tornar um filósofo com a invenção da psicanálise, Mann saúda as íntimas semelhanças desse autor, sobretudo, com Schopenhauer e Nietzsche. Sobretudo com o último, Freud compartilha, segundo Mann, o "amor à verdade (...) *enquanto psicologia*", isto é, a mais "impressionante identificação entre 'verdade psicológica' e 'verdade', ou entre conhecedor e psicólogo".[16] Também com o primeiro, Freud se associa pela refutação do preconceito da psicologia clássica, de que "consciência e psique são uma só e mesma coisa",[17] e pelo fato de ser um "artista do pensamento", dono de uma "prosa muito perspícua (...) e de porte europeu".[18]

A descrição nietzschiana da solidão e retitude de Schopenhauer também se adequa perfeitamente a Freud, aos olhos de Mann: diferentemente de Richard Wagner, que sucumbiu à "típica veleidade do artista",[19] Schopenhauer foi "um verdadeiro filósofo (...) Um espírito realmente assentado em si mesmo (...) Um homem e cavaleiro de olhar de bronze, que teve a coragem de ser ele mesmo, que soube estar só e não esperar por anteguardas e indicações vindas do alto".[20] Ambos, em resumo, foram dois "galantes cavaleiros entre a morte e o mal"[21] – cujo preenchimento perfeito do protótipo do grande pensador repousa nas duas seguintes características principais:

> Em primeiro lugar, em seu amor à verdade, seu senso de verdade, sua sensibilidade e receptividade à doçura e amargura da verdade, que se

---

15. *Ibidem*.
16. *Idem*, p. 413.
17. *Idem*, p. 416.
18. *Idem*, p. 417.
19. Friedrich Nietzsche, *Genealogia da Moral*. Trad.: Paulo C. de Souza. São Paulo: Companhia das Letras, 2004, III, 4, p. 91.
20. *Idem*, III, 5, p. 92.
21. Thomas Mann, *op. cit.*, 1948, p. 412.

expressa, em grande parte, por meio de uma certa excitação psicológica, uma clareza de visão, que chega ao ponto em que a concepção de verdade quase coincide completamente com a percepção e o reconhecimento psicológico. Em segundo lugar, essa completude se constitui de uma certa compreensão da doença, uma afinidade com ela, subordinada a uma saúde fundamental e um entendimento de seu significado produtivo.[22]

Após uma resistência por um árduo percurso contra a censura desleal de parte da sociedade e da comunidade científica, o imortal autor da "terceira ferida no narcisismo da humanidade"[23] precisou de uma saúde, de fato, incomum para suportar o martírio do final de sua vida: desde a descoberta, em 1923, de um câncer no palato, adquirido, provavelmente, pelo excesso de tabagismo, e que só o mataria em 1939, Freud passou a lutar contra essa deformação por meio de frequentes intervenções muito dolorosas. O assombro com o crescimento do antissemitismo em toda a Europa mais a ameaça nazista da ocupação de todo o continente arruinavam diariamente a paz de sua família. Por fim, desde que publicou os dois primeiros ensaios de *Moisés e o monoteísmo* (1937-1939), em que realizava uma leitura histórica e contrária à lenda religiosa de Moisés, até mesmo as instituições judaicas e católicas passaram a repreendê-lo. Isso trouxe consequências políticas muito graves à psicanálise, uma vez que a relação da Igreja Católica com o nazismo era uma das poucas forças sob as quais algumas minorias, entre as quais a dos psicanalistas, ainda conseguiam se proteger. Alvo de tantos ataques e constrangimentos, Freud, assim mesmo, não se abateu, e "como Moisés no cume da montanha (...) descobriu ainda um espaço infinito de terra inculta que poderia ser fertilizado por sua doutrina".[24]

A correspondência de Freud com seus principais amigos (Lou Salomé, Stefan Zweig, Marie Bonaparte) revela que o assunto que mais o ocupou na década de 1930 foi a origem do judaísmo. Provavelmente,

---

22. *Idem*, p. 413.
23. Cf. Sigmund Freud e Karl Abraham, *Briefe 1907-1926*. In: Von Hilda, C.. Freud, E. L. [org.]. Frankfurt: S. Fischer, 1965. Carta de 25/3/1917, p. 237.
24. Stefan Zweig, *S. Freud por Zweig*. Trad.: Gregório Manchon. In: *Las Grandes Biografias Contemporâneas*, vol. VII. Buenos Aires: Ediciones Condor, p. 104.

o forte interesse freudiano, manifestado desde *Totem e Tabu* (1914), pela aplicação da psicanálise à história das religiões foi reforçado, nesses tempos, pela necessidade de oferecer algum esclarecimento científico sobre o tema tão massivamente debatido do semitismo. Em maio de 1935, notícias sobre a descoberta de um príncipe Thothmes, em escavações em Tel-el-Amama, "produziram uma verdadeira excitação" em Freud, segundo Jones, levando-o a "se perguntar se esse não seria o 'seu' Moisés e muito lamentar não ter dinheiro suficiente para fazer com que as escavações continuassem".[25] Em uma carta a Lou Salomé dessa época, Freud revelou que, em *Moisés e o monoteísmo*, ainda em elaboração, seguiria fiel à fórmula da religião de *O futuro de uma ilusão* (1927), segundo a qual toda religião é fruto de uma miragem produzida pelos "mais antigos, fortes e prementes desejos" humanos.[26] A saber, basicamente: as necessidades de proteção (desamparo), orientação da conduta e explicação da origem do mundo. Em *Acerca de uma visão de mundo* (1933), essas três carências, a princípio desconectadas umas das outras, foram explicadas por Freud com base na chave unificadora de que todo homem repete, quando adulto, o mecanismo infantil de engrandecimento do pai biológico, o qual, quando criança, não apenas explica sua origem como a protege e orienta eticamente. Deus é construído à imagem e semelhança do pai real, conclui o ateu, isto é, o mesmo pai que protege a criança, inculca-lhe um sistema de normas morais e explica sua origem é engrandecido ainda com maior radicalidade pelo adulto, criando a crença em Deus, quando percebe que sempre será uma criança aos olhos do mundo. A força da fé monoteísta, segundo Freud, não decorre do fraco poder de convencimento dos contraditórios e questionáveis argumentos apresentados pelos religiosos na defesa de sua crença, mas da premência das necessidades irracionais satisfeitas pela última, no caso da maioria da humanidade atual.

Em *Moisés e o monoteísmo*, porém, Freud afirma a Salomé que também buscou explorar o outro lado dessa genealogia, a saber, o de que a crença em Deus "não deve sua força a nenhuma verdade entendida ao

---

25. Ernest Jones, *op. cit.*, 1970, p. 229.
26. Sigmund Freud, *O futuro de uma ilusão*, In: *Obras Completas,* São Paulo: Companhia das Letras, 1927 [2014], vol. 17, p. 266.

pé da letra, mas, sim, à verdade histórica que ela contém".[27] No que concerne à origem do judaísmo, tema principal dessa monografia, Freud argumenta que uma série de pistas sugere que essa religião também foi forjada com base na necessidade da expiação da culpa pelo homicídio do pai primevo, o qual consiste no ato inaugurador de toda cultura, repetido, acidentalmente, pelos judeus na figura paterna de Moisés. Muito resumidamente: Freud acredita, com base em Darwin, que é provável que os homens tenham vivido originalmente como alguns primatas ainda vivem hoje em dia, a saber, em grupos onde apenas um macho violento expulsa ou mata seus filhos e detém todos os bens e mulheres para si. A cultura e a civilização teriam nascido quando os filhos desse pai primevo se uniram para matá-lo e, depois disso, criaram a religião, como meio de auxílio à necessidade de mitigação da culpa pelo parricídio. As seguintes evidências, segundo Freud, sugerem a ocorrência do parricídio judaico de Moisés, que teria trazido aos judeus uma fixação traumática na simbologia de seu libertador, comparável a uma neurose obsessiva individual:

Provavelmente, Moisés não foi judeu, mas egípcio, pois seu nome original deve ter sido "Mose", que, em egípcio, significa "criança", e era muito frequente na denominação dos filhos. Além disso, o mito de que Moisés foi abandonado por uma família judaica e encontrado e criado por uma família faraônica e egípcia encaminha à mesma conclusão, na medida em que estudos psicanalíticos demonstram que, nessa lenda muito típica nas diversas mitologias, a segunda família sempre é a verdadeira, diante da qual a primeira é inventada a partir de fins diversos. No caso do judaísmo, a finalidade atuante deve ter obedecido à necessidade de incorporação do egípcio Moisés à etnia judaica, em virtude do que se apresentará na sequência. Por fim, a referência bíblica de que Moisés era "pesado de boca" e precisava da ajuda de irmão Aarão para se comunicar também apoia essa hipótese, pois, provavelmente, consiste em uma distorção do fato histórico de que Moisés não falava a língua hebraica.

Com base nessa interpretação, Freud defende a probabilidade de que Moisés tenha existido no século XIV a.C. e sido um entusiasta do

---

27. Sigmund Freud *apud* Ernest Jones, *op. cit.*, 1970, 227.

"primeiro monoteísmo escrito"[28] de que se tem notícia na história da humanidade: uma religião imposta pelo faraó Aquenáton, no Egito, com base em um culto ao deus-Sol Aton, do templo de On (Heliópolis). Como se sabe, Aquenáton foi derrotado em vida e teve seu monoteísmo radical proscrito do Egito. Contudo, se Moisés foi egípcio e entrou para a história justamente como um profeta do mais antigo monoteísmo ainda existente, é plausível que o judaico tenha sido um adepto fervoroso da seita de Aquenáton que, depois da derrota do faraó, escolheu o povo judeu e, com ele, migrou rumo à terra prometida de Canaã, onde ambicionava manter acesa a nova espiritualidade. Em concordância com os estudos do historiador e teólogo Ernest Sellin, Freud acredita que Moisés foi assassinado nessa migração, o que foi recebido pela parte do povo judeu liberta por ele do Egito como um trauma que desencadearia uma incômoda culpa, seguida pela fixação desse povo na simbologia mosaica. Mais detalhes sobre a hipótese do assassinato de Moisés são conferidos por Philip Hyatt com as seguintes palavras:

> Sellin propôs, em *Mose und seine Bedeutung für die israelitisch-jüdische Religionsgeschichte* (Leipzig, I, 922), que *Números 25* fala originalmente do assassinato de Moisés em Shittim, na Transjordânia. Traços desse evento também podem ser encontrados em *Oseias*, 5:1,2; 9:7-14; 12:13-13:I e em outras passagens.[29]

Além de Sellin, Freud afirma que Goethe também expressou seu pressentimento do assassinato de Moisés, em *Israel in der Wüste*, e conjectura que, após o homicídio, os hebreus devem ter se misturado a outras etnias, em Cades, reprimido a recordação de Moisés e sua religião e se curvado ao culto politeísta do deus vulcânico Javé. Em seu inconsciente, porém, como é típico nas neuroses, o conflito – no caso, a culpa pelo parricídio – jamais cessou de incomodar e de produzir sintomas substitutivos (com os quais lograva aparecer à consciência, na borda da repressão). Séculos mais tarde, uma espécie de culto a Moisés, "obscurecido e

---

28. Sigmund Freud, *Moisés e o monoteísmo*. In: *Obras Completas*. Edição Standard Brasileira. Trad.: J. Salomão. Rio de Janeiro: Imago, 1939 [1996], vol. 23, p. 98.
29. HYATT, J. F.. *Freud on Moses and the Genesis of Monotheism*. In: *Journal of Bible and Religion*, Oxford University Press, 1940, vol. 8, n. 2, p. 88.

deformado, apoiado, talvez, em membros individuais da classe sacerdotal mediante antigos registros",[30] foi ressuscitado: fruto de um glorioso passado imperial, o monoteísmo mosaico subjugou o politeísmo de Javé e foi objeto de uma fixação compulsiva e obsessiva por parte do povo judeu. Com o realento da autoridade patriarca de Moisés e de sua religião, os hebreus sentiam um poderoso alívio ante a culpa pelo parricídio. O preço disso, porém, foi a subordinação simbólica e radical ao domínio e à glória do pai primevo. Como corolário indispensável da nova espiritualidade, surgiu a intolerância religiosa, "que anteriormente foi alheia ao mundo antigo e que por tão longo tempo permaneceu depois dele".[31] Junto a ela, experimentou-se, em um grau de intensidade alcançável apenas pela psicologia infantil, devoção, submissão, temor, gratidão e sentimento de poder e de proteção nunca antes experimentados na história das religiões.

A origem do judaísmo e sua analogia com o desenvolvimento de uma neurose obsessiva individual são resumidas por Freud com a seguinte fórmula: trauma primitivo: assassinato de Moisés; período de latência: esquecimento de Moisés e sua religião; desencadeamento da doença neurótica: culpa e ansiedade expectante ante a lembrança de Moisés; retorno parcial do reprimido: triunfo da religião mosaica sobre o politeísmo de Javé e fixação compulsiva nessa simbologia pelos judeus. A deformação da realidade, igualmente presente em todo caso de neurose, consiste na convicção do caráter literal e divino da saga mosaica. E para além da questão da fé religiosa, o diagnóstico final de Freud é o de que a ciência é capaz de adivinhar importantes acontecimentos históricos por trás dos mitos e lendas, desde que munida dos instrumentos corretos, entre os quais a psicanálise aplicada.

Em relação ao cristianismo, Freud entende que o judaísmo possui vantagens e desvantagens do ponto de vista civilizatório. A religião mosaica supera a cristã na medida em que se opõe com mais afinco às superstições, idolatrias e devoção com a vida *post mortem* que tanto monopolizavam os costumes antigos. Uma vez que recobra uma série de elementos do politeísmo e do animismo, como os dogmas da trindade,

---

30. *Ibidem*, p. 138.
31. *Ibidem*.

dos anjos e santos, da grande-mãe etc., o cristianismo regressa à crença primitiva na onipotência dos pensamentos, cuja renúncia dá base à evolução científica e civilizatória. Por outro lado, o cristianismo supera o judaísmo no que concerne ao fim principal da religião, a saber, o da elaboração da ambivalência de sentimentos do filho perante o pai. Assim, se o judaísmo foi a religião do pai severo e punidor, o cristianismo é a do filho liberto e libertador. Com o mito do pecado original, ele reconhece, simbolicamente, o homicídio do pai primevo: pois o pecado original significa, aos olhos da psicanálise, que toda cultura humana só é edificável na base do traumático assassinato do pai primevo. A necessidade de um castigo mortal e doloroso, assumido por redentor que, com seu martírio, redime a humanidade do pecado original – significa, claramente: que o redentor representa o líder do motim filial, o qual, conforme a mentalidade antiga, deve expiar seu crime com uma condenação idêntica. Em outras palavras, se Cristo libertou seus irmãos e filhos por meio da sujeição a tortura e morte, essa redenção só pode estar intimamente vinculada a um assassinato igualmente doloroso, cometido por todos, mas expiado apenas pelo libertador: o homicídio do pai primevo. Por fim, o cristianismo supera o judaísmo, inclusive, no que diz respeito à necessidade da celebração de vitória do filho sobre o pai: ele próprio configura uma religião filial que suplanta uma religião paterna – o que é simbolizado da maneira mais crua no ritual da comunhão, nitidamente herdeiro da festa primitiva da refeição totêmica.

Nenhuma dessas vantagens do cristianismo sobre o judaísmo, porém, o exime de ser um análogo coletivo de uma neurose obsessiva. Como toda religião, o cristianismo é um sistema de medidas protetoras contra desejos reprimidos e inconscientes, as quais devem ser obedecidas de modo compulsivo, com uma extrema consciência, e cujas negligências em seu cerimonial produzem escrúpulos de consciência da mais bárbara severidade, entre outras semelhanças, detalhadas em *Atos obsessivos e práticas religiosas* (1907). As diferenças entre os rituais religiosos e os cerimoniais obsessivos repousam, para Freud, apenas no fato de os primeiros serem fenômenos coletivos, e os segundos, individuais, e dos primeiros se originarem, sobretudo, de moções de autoconservação, e os segundos, de desejos sexuais, embora os primeiros também abriguem elementos sexuais.

No que concerne ao odioso antissemitismo, que centraliza a "Weltanschauung" (visão de mundo) nazicristã, porém, Freud afirma que suas razões são múltiplas, e, via de regra, injustificáveis objetivamente. Entre as principais, salienta-se o fato de os judeus "viverem como uma minoria entre os outros povos, pois o sentimento de comunidade das massas requer, para ser completo, hostilidade a uma minoria de fora, e a fraqueza numérica desses excluídos convida à sua opressão".[32] A esse motivo se assoma a rejeição orgânica sentida pelos povos não judeus diante da prática da circuncisão. E, naturalmente, também a inveja de muitos pelo fato de os judeus terem sobrevivido às "mais cruéis perseguições", conseguido se afirmar economicamente, e "onde lhes permitem fazê-lo, darem contribuições valiosas a todas as atividades culturais".[33]

J. F. Hyatt avalia *Moisés e o monoteísmo* como "a obra-prima da vida de Freud".[34] Muito mais simples do que escolher uma entre tantas obras-primas de Freud, acreditamos que é reconhecer a inquietude e a vitalidade intelectuais apresentadas pelo autor de mais de 80 anos nesse desfecho de sua obra e vida, tão embaraçoso quanto genial. A tenacidade psicológica e científica freudiana diante de todas as adversidades citadas anteriormente (o câncer, a velhice, o nazismo, a censura religiosa e social, a inveja etc.) merece, sem dúvida alguma, ser definida como "heroica", como o faz Jones. A vitória de Freud, no ápice de sua obra e vida, contra a discórdia e obscuridade interna e externa, só pôde ter ocorrido graças ao sucesso de sua própria autoanálise – o que, como já dissemos, deve ser incluído entre os inúmeros casos de triunfo da técnica psicanalítica que justificam essa doutrina globalmente.

Em 11 de março de 1938, Hitler anexou a Áustria a seus domínios e levou sua perseguição racista para dentro da casa de Freud. Invadido, ameaçado e humilhado dentro de seu próprio refúgio, e tão somente por ter uma origem judaica, Freud se viu forçado a migrar para a Inglaterra. Isso só foi possível graças à autorização obtida, em caráter excepcional,

---

32. Sigmund Freud, *Moisés e o monoteísmo*. In: *Obras Completas*. Trad.: Paulo C. de Souza. São Paulo: Companhia das Letras, volume 19. Locais do Kindle: 1391-1392.
33. *Ibidem*, locais do Kindle: 1397-1403.
34. HYATT, J. F, *op. cit.*, 1940, p. 85.

pelo pai da psicanálise, de ambos os lados da iminente guerra, em virtude de sua rica rede de contatos. Os detalhes do inesperado acordo foram apresentados por Jones, que exerceu nele um papel de liderança, em sua biografia de Freud: do lado dos aliados, Jones fez com que chegasse a ninguém menos que Franklin Roosevelt, o então presidente dos Estados Unidos, um pedido de intervenção em favor de Freud, o qual foi acatado pela autoridade americana. Do lado nazista, a princesa da Grécia e Dinamarca, Marie Bonaparte, também moveu suas alianças de modo a obter a dificílima autorização da partida da Áustria de seu amigo íntimo, ateu e judeu. Sem se aprofundar nos detalhes dessa segunda mobilização, Jones registra que em prol dela também atuaram o Conde Von Welczeck, que era um culto e humanitário embaixador alemão em Paris, e até mesmo Benito Mussolini.

Em 4 de junho de 1938, Freud partiu para a Inglaterra e nos dois meses seguintes, portanto já em Londres, ou nos dois meses anteriores, logo ainda em Viena, redigiu o *Esboço de psicanálise* (não se sabe exatamente em qual dos períodos e países esse texto foi escrito, ou mesmo se em ambos). A tristeza do exílio, a iminência de uma nova guerra mundial e as notícias dos maus-tratos recebidos pelos familiares que ele não pôde trazer consigo, em virtude da rigidez do acordo, certamente anteciparam a irreparável perda da humanidade desse seu pródigo e criativo filho. A desdita com que Freud viu a civilização mundial perecer diante da patologia mais grave até hoje já experimentada foi descrita, com delicadeza, por Zweig, com os seguintes termos:

> O ancião [Freud] acabava de ver, com a mirada transtornada, confirmar-se sua teoria do domínio dos instintos sobre a razão consciente, na psicose coletiva da Guerra Mundial. Jamais tinha compreendido tão sinistramente como nesses quatro anos apocalípticos [1935-1939], quão débil ainda é a capa da civilização que oculta a violência de nossos instintos sanguinários, e como um só impulso do inconsciente basta para fazer desemplumar-se todos os templos da moral. Viu sacrificar a cultura, a religião, tudo o que enobrece e eleva a vida consciente do homem, o gozo selvagem e primitivo da destruição.[35]

---

35. Stefan Zweig, *op. cit.*, p. 113.

Embora inevitavelmente pessimista, Freud nunca se tornou um niilista passivo ou um conformista. Pelo contrário, sua "terceira ferida no narcisismo da humanidade" (basicamente, seu reconhecimento do primado do inconsciente sobre o consciente, da centralidade do instinto sexual e da fatalidade do instinto de morte) se completa com a crença em um poder de controle racional mínimo dos instintos, com base no autoconhecimento. Seja em meio à batalha dos indivíduos contra seus conflitos patológicos, seja no cerne da luta da civilização de Eros, agrupador e sublimado, contra a destruição e a morte, Freud nunca deixou de apostar na força sutil, porém persistente, da razão diante das paixões e dos sentimentos. A influência da consciência sobre as paixões é suave, ocorre por meio de conquistas árduas e homeopáticas, mas já provou, em inúmeros casos, ser efetiva. Caso queiramos realizar, de fato, o projeto de uma felicidade positiva e não apenas esperar um milagre cair do céu, ou trilhar algum atalho rumo à autodestruição, é na razão que devemos confiar, bem como na sabedoria, na ciência, no amor e na sublimação artística. Apenas nesse sentido Freud afirma ser possível enfrentar a dor incontornável da vida com otimismo, como escreve:

> Nós podemos destacar, como fazemos com frequência, que o intelecto humano não tem força em comparação com os instintos orgânicos; e teremos razão quanto a isso. Contudo, existe algo de especial nessa fraqueza: a voz do intelecto é baixa, mas não se cansa até que não se faz ouvir. No fim, após inúmeras, frequentes e repetidas recusas, a razão obtém sua audiência. Isso é um dos poucos pontos em que se pode ter otimismo quanto ao futuro da humanidade, o que não significa pouco.[36]

Em virtude de sua fragilidade, o intelecto deve ser cauteloso quanto à metodologia adotada, em vista de seus objetivos. Por isso, Freud nunca aceitou o método intuitivo ou puramente lógico de alguns filósofos, e definiu a metafísica como uma espécie de "magia da palavra", que pretende "tapar os buracos do universo",[37] sem renunciar completamente

---

36. Sigmund Freud, *Die Zukunft einer Illusion*. In: *Gesammelte Werke*. Londres: Imago Publishing Co., vol. 14, p. 377.
37. Sigmund Freud, *Acerca de uma visão de mundo*. In: *Obras Completas*. Trad.: P. C. de Souza. Companhia das Letras: São Paulo, 2010, vol. 18, p. 326.

à onipotência de pensamentos da religião e do animismo. Contudo, a "talking cure" (cura pela conversa), herdada de Breuer e aprimorada por Freud com as técnicas da "livre" associação de ideias, da análise dos sonhos e atos falhos etc., nunca conseguiu prescindir completamente da filosofia, como o reconhece o próprio autor. Tanto é assim que Freud denominou a parte mais teórica e dogmática de sua ciência de metapsicologia, em alusão direta ao campo mais ambicioso da filosofia: a metafísica. Segundo Zeljko Loparic, a metapsicologia exerce uma função fundamental na psicanálise, uma vez que agrupa uma série de ficções ou convenções que, sem "precisar ser verdadeiras", em sentido positivista, são "indispensáveis devido a seu valor heurístico, enquanto guia para a pesquisa empírica e esquemas para organizar os resultados obtidos".[38]

Nesse sentido, Zweig tem toda razão quando afirma que "durante toda a vida e sem descanso, Freud buscou interrogar, como psicólogo, o presente, até que tratou, [na fase final de sua produção], com gosto, de também dar-se a si mesmo uma resposta como filósofo".[39] O cume dessa fase tardia de sua elaboração, em que Freud se aproxima, como nunca anteriormente, de seu sonho original de ser filósofo, são *Moisés e o monoteísmo* e *Esboço de psicanálise*. "Não é, porém, com ligeireza, mas com a antiga e inquebrantável certeza que se volta à metafísica, ou, como Freud a chama, com mais prudência, à metapsicologia".[40] Nesse espírito universal, filosófico, profundo e dogmático, Freud escreveu o livro aqui vertido ao português: o fato de essa flor derradeira de seu pensamento ter brotado na primavera ou verão de 1938, mas ter sido colhida e exposta ao grande público apenas em 1940, um ano após sua morte e com a necessidade de alguns complementos da parte dos editores alemães, levou Ilse Gubrich-Simitis a defender a necessidade de uma edição crítica desse texto, até hoje irrealizada.[41] A essa carência editorial se assoma, ainda, o fato de o próprio Freud lamentar, segundo Jones, não ter exposto nenhum conceito novo nessa obra, mas apenas

---

38. Zeljko Loparic, Esboço do paradigma winnicottiano. In: *Cadernos de História e Filosofia da Ciência*, série 3, vol. 11, n. 2, jul.-dez. 2001, p. 29.
39. Stefan Zweig, *op. cit.*, p. 105.
40. *Ibidem*.
41. Cf. *Zirück zu Freuds Texten*, Frankfurt: Fischer, 1933, p. 276-286.

sintetizado hipóteses já defendidas anteriormente. Não obstante, concordamos inteiramente com Jones quando afirma que *Esboço de psicanálise* é "uma valiosa série de ensaios, de muito maior valor do que Freud pôde ter manifestado".[42]

Guilherme Marconi Germer [43]

---

42. Ernest Jones, *op. cit.*, 1970, p. 270.

43. Pós-doutorando em Filosofia pela Universidade de São Paulo (USP) e pesquisador convidado da Eberhard Karls Universität Tübingen, concluiu pós-doutorado na Universidade Estadual de Maringá (UEM) como bolsista da Coordenação de Aperfeiçoamento de Pessoal de Nível Superior (Capes), e doutorado, mestrado, licenciatura e bacharelado na Universidade Estadual de Campinas (Unicamp), como bolsista da Fundação de Amparo à Pesquisa do Estado de São Paulo (Fapesp), do Conselho Nacional de Desenvolvimento Científico e Tecnológico (CNPq) e da Capes. Doutorado pela Università del Salento (em Lecce, na Itália). É membro do conselho editorial da *Voluntas: Revista Internacional de Filosofia* e do *Blog Científico Open Philosophy* (da Unicamp).

Introdução

O *Esboço de psicanálise* foi iniciado em julho de 1938 e ficou inacabado. O trabalho foi interrompido na parte III sem nenhuma indicação sobre até onde ou em que direção se intencionava levar seus desdobramentos. E, ao contrário do que se tem no restante do manuscrito, o capítulo 3 é redigido de forma sintética, com recorrência a muitas abreviações. Ele aqui teve de ser complementado em vários de seus enunciados. O título da parte I é extraído de uma versão posterior (outubro de 1938). O texto foi publicado pela primeira vez no *Internationalen Zeitschrift für Psychoanalyse und Imago* (Revista internacional de psicanálise e imago), vol. XXV, 1940, parte I.

Parte I – Da natureza do psíquico

Capítulo 1
O aparelho psíquico

A psicanálise parte de um pressuposto fundamental, a discussão a seu respeito é reservada ao pensamento filosófico e a sua justificação se encontra em seus resultados. Do que chamamos de nossa psique (vida anímica), são-nos conhecidos dois tipos de elementos, o primeiro é o órgão corporal e sua cena, que são dados de forma imediata, o cérebro (sistema nervoso), e, em segundo lugar, nossos atos conscientes, que nos são dados sem mediação e dos quais nenhuma espécie de descrição pode tornar mais próximos. Tudo o que há entre eles nos é desconhecido, não havendo relação direta entre ambas as extremidades de nosso saber. Se ela existisse, no máximo nos daria uma localização precisa dos processos de consciência, sem nada proporcionar para sua compreensão.

Ambas as nossas hipóteses se ligam a essas extremidades ou pontos de partida de nosso saber. A primeira diz respeito à localização. Supomos que a vida anímica é função de um aparelho ao qual atribuímos extensão espacial e uma composição em partes, que desse modo nos representamos quase como um telescópio, um microscópio etc. A consequente desmontagem de tal ideia é uma novidade científica, a despeito de certas abordagens já intentadas.

Chegamos ao conhecimento desse aparelho psíquico mediante o estudo do desenvolvimento individual do ser humano. A mais antiga dessas províncias ou instâncias psíquicas, chamamos de *isso*; seu conteúdo vem a ser tudo o que é herdado, trazido de nascença, constitucionalmente estabelecido, e, nessa medida, sobretudo os impulsos advindos da organização corporal, que ali encontra uma expressão psíquica, da qual as primeiras formas nos são desconhecidas.[1]

Em meio à influência do mundo externo real à nossa volta, parte do *isso* conheceu um desenvolvimento particular. Originalmente, como

---

[1] Durante toda a vida do ser humano, essa parte mais antiga do aparelho psíquico é a mais importante. É também a ela que se voltam os trabalhos de pesquisa da psicanálise.

camada cortical com órgãos para a recepção de estímulos e dispositivos para a proteção contra estímulos, acabou por produzir uma organização particular, que, a partir dali, garantiu a mediação entre o *isso* e o mundo exterior. A essa circunscrição de nossa vida anímica damos o nome de *eu*.

As características principais do eu. Na sequência da relação pré-formada entre percepção sensorial e atividade muscular, o *eu* dispõe de movimentos voluntários. Ele tem por tarefa a autoafirmação, e a cumpre em direção ao exterior, pondo-se a conhecer os estímulos, armazenando experiências (na memória), evitando estímulos exagerados (por meio da fuga), indo ao encontro dos estímulos moderados (por meio da adaptação) e, por fim, aprende a modificar o mundo exterior de modo apropriado em sua vantagem (atividade). Em direção ao interior, ao *isso*, ele assume domínio sobre as reivindicações pulsionais, decide se estas devem ser admitidas para a satisfação, adia a satisfação em função de períodos e circunstâncias favoráveis no meio exterior, podendo reprimir terminantemente as excitações delas advindas. Em sua atividade, é dirigido pelas considerações das tensões de estímulos nele presentes ou nele depositadas. De modo geral, seu aumento é sentido como *desprazer*, e sua diminuição é sentida como *prazer*. Ocorre que, provavelmente, o que é sentido como prazer e desprazer não são as alturas absolutas dessa tensão de estímulos, e sim algo no ritmo de sua mudança. O *eu* aspira a prazer e quer se esquivar ao desprazer. A um aumento de desprazer esperado, previsto, tem-se a resposta com o sinal de angústia, e o que o ocasiona, em forma de ameaça externa ou interna, chama-se *perigo*. De tempos em tempos o *eu* dissolve sua ligação com o mundo exterior e se retira para o estado de sonolência, no qual sua organização se modifica em ampla medida. Do estado de sonolência pode-se concluir que essa organização consiste numa divisão particular da energia anímica.

Como precipitado do longo período da infância, durante o qual o ser humano em formação vive sob a dependência de seus pais, compõe-se em seu *eu* uma instância particular, na qual se prolonga essa influência parental. Tal instância recebeu o nome de *supereu*. À medida que esse *supereu* se separa do *eu* ou se contrapõe a ele, tem-se um terceiro poder, que o *eu* deve levar em conta.

Uma ação do *eu* é então correta quando responde ao mesmo tempo às exigências do *eu*, do *supereu* e da realidade, portanto, quando concilia as exigências destes. Os detalhes da relação entre o *eu* e o *supereu* tornam-se integralmente compreensíveis quando, sem nenhuma exceção, ela é remetida à relação da criança com seus pais. Na influência dos pais, evidentemente, não é apenas sua natureza pessoal que exerce efeito mas também a influência, que por meio deles se perpetua, das tradições familiares, raciais e populares, bem como as exigências por eles representadas de seus respectivos meios sociais. Pode mesmo se dizer que, no curso do desenvolvimento individual, o *supereu* acolhe contribuições da parte de sucessores e substitutos dos pais, como educados, os modelos públicos, os ideais venerados na sociedade. Vê-se que, a despeito de suas diferenças fundamentais, o *eu* e o *supereu* revelam uma concordância à medida que representam as influências do passado, o *isso*, as do passado herdado, o *supereu*, essencialmente, as influências do passado assimiladas de outros, enquanto o *eu* faz-se determinado basicamente pelo que foi vivido por ele próprio, portanto, pelo que é acidental e atual.

Esse esquema geral de um aparelho psíquico terá validade também para os animais superiores, animicamente semelhantes ao homem. Um *supereu* será ali assumido em todos os casos em que, tal como no homem, se tiver um período mais prolongado de dependência na infância. É inevitável supor uma separação entre o *eu* e o *isso*.

A psicologia dos animais ainda não se dedicou à interessante tarefa que daí resulta.

Capítulo 2
A teoria pulsional

A potência do *isso* expressa a real intenção vital do ser individual. Essa intenção consiste em satisfazer a suas necessidades inatas. A de se conservar em vida e de se proteger dos perigos mediante a angústia não podem ser imputadas ao *isso*. Essa é tarefa do *eu*, que, levando em conta o mundo exterior, também deve encontrar o modo de satisfação que seja o mais favorável e menos arriscado. O *supereu* pode bem fazer valer novas necessidades, mas sua função principal continua a ser a limitação das satisfações.

As forças que supomos por trás das tensões de necessidade do *isso* chamam-se *impulsos*. Elas representam as exigências corporais feitas à vida anímica. Ainda que sejam a causa última de toda atividade, são de natureza conservadora; de todo estado a que se chega procede uma aspiração a restaurar esse estado, tão logo ele seja abandonado. Pode-se também diferenciar um número indeterminado de pulsões, o que, aliás, se faz via de regra. Para nós, significativa é a possibilidade de saber se não é possível remeter essa multiplicidade de pulsões a alguns poucos impulsos fundamentais. Ficamos sabendo que as pulsões podem mudar seu objetivo (por meio de deslocamento), que podem também se substituir umas às outras, uma vez que a energia de uma pulsão passa de uma a outra. Esse último processo ainda está longe de ser bem compreendido. Após um longo processo de hesitação e oscilação, decidimos supor somente *Eros* e a *pulsão de destruição*. (A oposição entre pulsão de autoconservação e pulsão de conservação da espécie, assim como a outra, de amor a si e amor ao objeto, incidem no interior do Eros.) O objetivo da primeira é produzir unidades sempre maiores e, com isso, conservar a ligação. O objetivo da outra, ao contrário, é dissolver as correlações e com isso destruir as coisas. Com a pulsão de destruição podemos então pensar que como objetivo último se tem, aparentemente, o de fazer o ser vivo passar ao estado inorgânico. Por isso a chamamos também de *pulsão de morte*. Se supusermos que o ser vivo veio depois do que é sem vida e dele nasceu, a pulsão de morte se conforma à fórmula mencionada, de que uma pulsão aspira ao retorno a um estado anterior. Para o Eros (ou pulsão de amor) não podemos proceder a tal emprego. Isso seria pressupor que a substância viva um dia foi uma unidade, que então foi dilacerada e agora aspira à reunificação.[1]

Nas funções biológicas, as duas pulsões fundamentais têm uma ação antagonista ou se combinam entre si. Desse modo, o ato de comer é uma destruição do objeto com o objetivo final de incorporação, o ato sexual, uma agressão com a intenção de uma unificação mais íntima. Dessa ação conjunta e antagonista de ambos os impulsos fundamentais resulta o inteiro colorido dos fenômenos da vida. Para além da esfera dos seres vivos, a analogia de ambas as nossas pulsões fundamentais conduz ao par de opostos de atração e repulsão, que prevalece no mundo inorgânico.[2]

As mudanças na proporção do misto das pulsões têm as consequências mais tangíveis. Um aditivo mais forte de agressão sexual transforma o amante em assassino lúbrico, uma forte oposição ao fator agressivo o faz tímido ou impotente.

Não seria o caso de restringir uma ou outra das pulsões fundamentais a províncias anímicas. Elas devem estar por toda a parte. Nós nos apresentamos um estado inicial da seguinte maneira, a saber, toda a energia disponível de Eros, que doravante vamos chamar de *libido*, está presente no *eu-isso* ainda indiferenciado, e serve para neutralizar as tendências à destruição simultaneamente presentes. (Para designar a energia de destruição, falta-nos um termo análogo ao de "libido".) Mais tarde, torna-se-nos relativamente fácil seguir os destinos da libido, o que no caso da pulsão de destruição é mais difícil.

À medida que essa pulsão atua do interior como pulsão de morte, ela se mantém muda e só se nos mostra quando se volta para fora como pulsão de destruição. Que isso se passe dessa maneira, parece bem ser uma necessidade para a conservação do indivíduo. O sistema muscular está a serviço dessa derivação. Com a instauração do *supereu*, montantes

---

[1]. Os poetas têm fantasias semelhantes; nada de correspondente nos é conhecido na história da substância viva.
[2]. A apresentação das forças fundamentais ou pulsões, contra as quais tantos analistas ainda se insurgem, era familiar já ao filósofo Empédocles de Agrigento.

consideráveis da pulsão de agressão são fixados no interior do *eu*, agindo ali de forma autodestrutiva. É um dos riscos para a higiene que corre o ser humano uma vez estando na via para o desenvolvimento da cultura. Reter a agressividade é em geral algo nocivo, tendo um efeito patogênico (adoecimento). A passagem da agressividade impedida para a autodestruição pelo retorno da agressão contra a própria pessoa não raro revela essa mesma pessoa em ataque de fúria – arranca os cabelos, martela o rosto com os punhos, ao passo que preferi reservar esse tratamento a outra pessoa. Uma parte da autodestruição mantém-se no interior em todas as circunstâncias, até finalmente chegar a matar o indivíduo, e isso talvez apenas quando sua libido estiver esgotada ou desvantajosamente fixada. Com isso, de modo geral pode-se presumir que o indivíduo morre de seus conflitos internos; a espécie, ao contrário, de seus conflitos malsucedidos contra o mundo exterior, quando este se modificou de tal forma que as adaptações já adquiridas pela espécie não mais são suficientes.

É difícil dizer alguma coisa sobre o comportamento da libido no *isso* e no *supereu*. Tudo o que sabemos a respeito se refere ao *eu*, no qual o inteiro montante disponível de libido se encontra armazenado. A esse estado chamamos de *narcisismo* primário absoluto. Ele persiste até o momento em que o *eu* começa a investir de libido as representações de objetos, a transpor a libido narcísica em *libido de objeto*. Durante toda a vida, o *eu* se mantém o grande reservatório a partir do qual os investimentos libidinais são emitidos para os objetos e no qual entram novamente, ao modo de um corpo protoplasmático com seus pseudópodes. Só mesmo num estado de pleno enamoramento o montante principal da libido é transferido para o objeto, e o objeto em certa medida se põe no lugar do *eu*. Uma característica importante na vida é a *mobilidade* da libido, a facilidade com que ela passa de um objeto a outros objetos. Em oposição a isso se tem a *fixação* da libido em objetos determinados, que se mantém durante toda a vida.

É inegável que a libido tem fontes somáticas, que ela aflui de diferentes órgãos e partes do corpo em direção ao *eu*. Isso se vê mais claramente na parte da libido que é qualificada, segundo seu objetivo pulsional, de excitação sexual. Os mais preeminentes lugares do corpo dos quais provém essa libido são referidos pelo nome de *zonas erógenas*, mas na verdade todo o corpo é uma tal zona erógena. O que de melhor sabemos sobre Eros, portanto de seu expoente, que é a libido, foi obtido com o estudo da função sexual, que, segundo a concepção mais disseminada, mesmo que não esteja em nossa teoria, coincide com Eros. Podemos nos fazer uma imagem da forma como a aspiração sexual, destinada a influenciar de maneira decisiva nossa vida, desenvolve-se pouco a pouco a partir das sucessivas contribuições de um sem-número de pulsões parciais que representam zonas erógenas determinadas.

Capítulo 3
O desenvolvimento da função sexual

Segundo a concepção disseminada, a vida sexual humana consiste essencialmente na aspiração a trazer os próprios genitais para o contato com os de uma pessoa do outro sexo. Com isso, beijar, contemplar e tocar esse corpo estranho aparecem como fenômenos coadjuvantes e ação introdutória. Com a puberdade, portanto na idade da maturidade sexual, essa tendência deve aparecer e servir à reprodução. Entretanto, desde sempre são conhecidos alguns fatos que não entram no estreito enquadramento dessa concepção. 1) Curiosamente, há pessoas sobre as quais apenas indivíduos do mesmo sexo e seus órgãos genitais exercem atração. 2) Também é curioso haver pessoas cujos desejos se comportam de todo como sexuais, mas fazem completa abstração das partes sexuais ou de seu emprego normal – são os chamados indivíduos perversos. 3) Por fim, também salta aos olhos que mesmo crianças, por essa razão tidas como degeneradas, desde muito cedo mostram interesse por seus órgãos genitais e por seus sinais de excitação.

É compreensível que a psicanálise tenha suscitado escândalos e contrariedade, uma vez que ela, atrelando-se em parte a esses três fatos subestimados, contradizia todas as visões populares sobre a sexualidade. Seus principais resultados são os seguintes:

a) a vida sexual não começa apenas com a puberdade, mas se instaura já logo após o nascimento, com nítidas manifestações;
b) é necessário operar uma clara distinção entre as noções de sexual e genital. O primeiro é uma noção ampla e abarca uma série de atividades que nada têm que ver com os genitais;
c) a vida sexual compreende a função da obtenção de prazer a partir de zonas corporais, que posteriormente se põem a serviço da reprodução. Uma e outra função não se recobrem inteiramente.

Por certo que o principal interesse não se orienta pela primeira afirmação, que é a mais inesperada de todas. Mostrou-se que na primeira idade da criança há indícios de atividade corporal, que a eles só um velho preconceito poderia recusar o nome de sexual, que esses indícios estão ligados a fenômenos psíquicos, que mais tarde serão encontrados na vida amorosa dos adultos, como, por exemplo, a fixação a determinados objetos, o ciúme etc. Revela-se, além do mais, que esses fenômenos a emergir na primeira infância pertencem a um desenvolvimento em conformidade com uma lei, passando por um desenvolvimento regular que, por volta do quinto ano, chega a um ponto culminante, a que então segue uma pausa. Durante essa pausa, o progresso estanca, muito é desaprendido, havendo regressão. Decorrido esse assim chamado período de latência, a vida sexual prossegue com a puberdade; ela refloresce, como se poderia dizer. Deparamos aqui com o fato de uma *instauração em dois tempos* da vida sexual,[1] que fora dos seres humanos não é conhecida e, evidentemente, é de crucial importância para que alguém se torne ser humano.[2] Não é indiferente que os acontecimentos desse período precoce da sexualidade sejam vítimas da *amnésia infantil*, à exceção de alguns resíduos. Nossos pontos de vista a respeito da etiologia das neuroses e nossa técnica de terapia analítica atrelam-se a essas concepções. O estudo atento dos processos de desenvolvimento desses primeiros tempos dão provas também de outras afirmações.

O primeiro órgão a entrar em cena como zona erógena e fazer uma reivindicação libidinal à alma é, desde o nascimento, a boca. De início, toda a atividade psíquica é empregada para prover satisfação às necessidades dessa zona. Por certo que isso vem servir, em primeira linha, à autoconservação pela nutrição, mas não se deve confundir fisiologia

---

1. É em seus *Três ensaios sobre a teoria da sexualidade* (1905) que Freud desenvolve o caráter bifásico da evolução da sexualidade, abordando a questão da evolução em dois tempos. Uma primeira fase culmina com o complexo de Édipo, pelo qual se organiza, em seus traços essenciais, a constituição sexual. Segue-se um período de latência, a segunda fase, com o abandono das pretensões edipianas e com o recalque dos desejos sexuais. Essa segunda fase estende-se até a entrada na adolescência. (N.T.)
2. Em *Moisés e o monoteísmo* (1939), Freud elabora a hipótese segundo a qual o homem descende de um mamífero que atingia a maturidade sexual aos 5 anos de idade. Porém, alguma influência externa, importante e renitente, fez-se exercer sobre a espécie, com isso interrompendo o curso normal e direto do desenvolvimento sexual. A essa interrupção podem estar relacionados outros fatores que passaram a distinguir a sexualidade humana da dos animais, como a supressão da periodicidade da libido e a exploração do papel da menstruação na relação entre os sexos. A interrupção da periodicidade sexual foi analisada por Freud em duas notas de rodapé do capítulo IV de *A civilização e seus descontentes*. (N.T.)

com psicologia. Na obstinada sucção da criança, muito cedo se manifesta uma necessidade de satisfação que, mesmo procedendo da ingestão de alimento e sendo por ela estimulada, independentemente da nutrição ela aspira à obtenção de prazer, razão pela qual pode e deve ser chamada de *sexual*.

Já durante essa fase oral sobrevêm de maneira isolada pulsões sádicas, com a aparição dos dentes, o que assume abrangência muito maior na segunda fase, que chamamos de sádico-anal, já que ali a satisfação é buscada na agressão e na função da excreção. Fundamos o direito de integrar as tendências agressivas à libido na concepção de que o sadismo seria um misto pulsional de tendências puramente libidinosas a outras, puramente destrutivas, misto esse que, a partir daí, não mais cessará.

A terceira fase é a chamada fase fálica, que, ao modo de uma precursora, é já bem semelhante à configuração definitiva da vida sexual. Vale notar que não são os órgãos genitais de ambos os sexos que aqui desempenham um papel, mas sim somente o *(phallus)* masculino. O genital feminino se mantém desconhecido por muito tempo; em sua tentativa de compreender os processos sexuais, a criança rende homenagem à teoria cloacal, que tem lá sua justificação genética.

É com e na fase fálica que a sexualidade da primeira infância atinge seu cume e se aproxima do declínio. A partir dali, meninos e meninas passam a ter destinos separados. Ambos começam a pôr sua atividade intelectual a serviço da pesquisa sexual, ambos partem da pressuposição da presença universal do pênis. Mas agora ambos os sexos se separam. O garoto entra no complexo de Édipo, inicia a atividade manual no pênis com fantasias concomitantes de alguma atividade sexual deste com a mãe, até que, por meio de uma ação conjunta de ameaça de castração e da visão da ausência de pênis, ele experimenta o maior trauma de sua vida, que introduz o período de latência, com todas as suas consequências. Após a vã tentativa de se igualar ao garoto, a menina vivencia o conhecimento de sua falta de pênis, ou melhor, da inferioridade de seu clitóris, com consequências duradouras para o desenvolvimento do caráter; na sequência dessa primeira decepção no âmbito de uma rivalidade, frequentes vezes se tem a primeira aversão à vida sexual.

Seria equivocado acreditar que essas três fases se separam umas da outras; uma participa da outra, elas se superpõem, elas coexistem. Nas primeiras fases, as pulsões parciais individuais visam à aquisição de prazer de modo independente; na fase fálica, iniciam-se os primórdios de uma organização, que submete as outras aspirações ao primado dos órgãos genitais e do começo de uma integração. A plena organização só é alcançada por meio da puberdade, numa quarta fase, genital. Então se produz um estado no qual: 1) alguns investimentos libidinais anteriores se encontram conservados; 2) outros atos são admitidos na função sexual, como atos de preparação e de apoio, cuja satisfação produz o assim chamado prazer; 3) outras aspirações são excluídas da organização, sendo ou terminantemente reprimidas (recalcadas) ou experimentam outro emprego no *eu*, formando traços de caráter, sublimações com deslocamentos de objetivo.

Esse processo nem sempre se consuma de maneira impecável. As inibições em seu desenvolvimento manifestam-se sob a forma de múltiplos distúrbios da vida sexual. Fazem-se então presentes fixações da libido a estados de fases anteriores, cuja tendência, independentemente do objetivo sexual normal, é designada como *perversão*. Tal inibição no desenvolvimento vem a ser, por exemplo, a homossexualidade, quando ela é manifesta. A análise evidencia que uma ligação de objeto homossexual esteve presente em todos os casos e na maioria deles se mantém conservada de forma *latente*. Com isso, as relações se tornam complicadas, uma vez que, via de regra, os processos exigidos para que se instaure a saída normal ou como que não se efetivam ou jamais acontecem, ou se efetivam de *modo parcial*, de modo que a configuração final se mantém dependente dessas relações *quantitativas*. A organização genital só é efetivamente alcançada, embora enfraquecida pela participação da libido, em caso de não satisfação genital ou de dificuldades reais a remeter aos primeiros investimentos pré-genitais (*regressão*).

Durante o estudo das funções sexuais, pudemos adquirir uma primeira e prévia convicção, melhor dizendo um pressentimento de duas ideias que mais tarde se comprovarão importantes para o domínio como um todo. Em primeiro lugar, que as manifestações normais e anormais que observamos, por exemplo, a fenomenologia, exigem uma descrição do ponto de vista da dinâmica e da economia (em nosso caso, a divisão quantitativa da libido); em segundo lugar, que a etiologia dos distúrbios por nós estudados pode ser encontrada na história do desenvolvimento, portanto no período precoce do indivíduo.

Capítulo 4
Qualidades psíquicas

Descrevemos a construção do aparelho psíquico, das energias ou forças nele ativas, e trouxemos um exemplo eloquente de como essas energias, sobretudo a libido, organizam-se numa função fisiológica, que é a da conservação da espécie. Nada ali parecia falar em favor do caráter de todo específico do psíquico, exceção feita, evidentemente, ao fato empírico de que as funções a que chamamos de vida anímica têm por fundamento esse aparelho e suas energias. Agora vamos nos voltar para o que é característico desse psíquico e, segundo opinião extremamente disseminada, chega mesmo a coincidir com ele, excluindo-se qualquer outra coisa.

O ponto de partida para essa investigação se tem no fato incomparável, a desafiar toda explicação e descrição, que é a consciência. Não obstante, quando se fala em consciência, sabe-se imediatamente e por experiência própria, o que por ela se entende. Para muitas pessoas, tanto no meio da ciência quanto fora dele, basta admitir que a consciência seja tão somente o psíquico, e com isso a psicologia nada mais tem a fazer do que diferenciar percepções, sentimentos, processos de pensamento e atos da vontade no seio da fenomenologia psíquica. Porém, segundo um consenso geral, esses processos conscientes não formam séries isentas de lacunas, fechadas em si mesmas, de modo que não haveria alternativa a não ser supor que existem processos físicos ou somáticos concomitantes aos psíquicos, aos quais se teria de reconhecer serem mais completos que as séries psíquicas, uma vez que alguns teriam processos conscientes que lhes seriam paralelos, já outros não. Com isso, em psicologia é-se naturalmente tentado a enfatizar esses processos somáticos, a reconhecer neles o verdadeiro psíquico e buscar para os processos conscientes outra dignidade. Contra isso vêm se insurgir a maior parte dos filósofos, bem como muitas outras pessoas, declarando que um psiquismo inconsciente seria uma contradição.

Ora, é precisamente isso que a psicanálise deve fazer, e tem-se aí a sua segunda hipótese fundamental. Ela declara que os processos concomitantes supostamente somáticos são propriamente o psíquico, e, com isso, para começar, ela prescinde da qualidade do psíquico. Ao fazê-lo, ela não está sozinha. Diversos pensadores – por exemplo, Theodore Lipps – expressaram a mesma coisa em termos semelhantes, e a insuficiência que em geral havia na concepção usual do psíquico teve como consequência que, sempre com mais urgência, um conceito de inconsciente passou a reclamar sua admissão no pensamento psicológico, ainda que de forma tão indeterminada e inapreensível que não pôde exercer alguma influência sobre a ciência.

Ao que tudo indica, nessa diferença entre a psicanálise e a filosofia não se trata de um questionamento qualquer acerca da definição, mas trata-se do nome do psíquico a se atribuir a uma ou outra série. Na realidade, esse passo se tornou algo altamente significativo. Enquanto na psicologia da consciência jamais se ia além da série lacunar, que manifestamente dependia de algo vindo de outra parte, a outra concepção, segundo a qual o psíquico seria em si inconsciente, permitiu transformar a psicologia numa ciência da natureza como qualquer outra. Os processos com os quais ela se ocupa são em si tão irreconhecíveis quanto os de outras ciências, da química ou da física, mas é possível fixar as leis às quais eles obedecem, a fim de perseguir suas relações e dependências recíprocas, e é isso que se designa como compreensão do âmbito em questão dos fenômenos da natureza. Isso não pode ser feito sem novas hipóteses e sem a criação de novos conceitos, porém estes não devem ser desprezados como testemunhos de nosso embaraço, e sim mais apreciados como enriquecimentos da ciência; eles reivindicam o mesmo valor de aproximação que se tem nos construtos auxiliares intelectuais correspondentes em outras ciências da natureza, aguardam suas modificações e suas retificações, bem como sua determinação mais precisa por meio de experimentos acumulados que tenham passado por um crivo. Isso então vem corresponder inteiramente a nossa expectativa de que os conceitos fundamentais da nova ciência, seus princípios (pulsão, energia nervosa etc.) por um período maior vão se manter tão indeterminados quando os das ciências antigas (força, massa, atração).

Todas as ciências repousam em observações e experiências mediadas por nosso aparelho psíquico. Uma vez que nossa ciência tem esse próprio aparelho como objeto, a analogia termina aqui. Fazemos nossas observações por meio do mesmo aparelho de observação, com o auxílio precisamente das lacunas no psíquico, a complementar o que é omitido pelas deduções de evidência, traduzindo-o para o material consciente. Com isso, como que estabelecemos uma série complementar consciente ao psíquico inconsciente. A certeza relativa de nossa ciência psíquica reside no caráter obrigatório de tais conclusões. Aquele que se aprofundar nesse trabalho vai constatar que nossa técnica resiste a toda crítica.

No decorrer desse trabalho vão se impor as diferenciações que designamos como qualidades psíquicas. Não é preciso caracterizar o que designamos como consciente, pois trata-se da mesma consciência dos filósofos e da opinião corrente. Todo outro psíquico é para nós o inconsciente.[1] Logo seremos conduzidos a hipotetizar uma importante distinção nesse inconsciente. Numerosos processos tornam-se facilmente conscientes, pois já não o são, mas podem sem dificuldade de novo se tornar, podendo ser reproduzidos ou rememorados, como se diz. Com isso, estamos sugerindo que a consciência de modo geral é apenas um estado dos mais fugidios. O que é consciente me é por um momento. Quando nossas percepções não o vêm confirmar, a contradição aqui é

---

1. Por vezes paira a dúvida sobre se o inconsciente teria sido "descoberto" ou "inventado" por Freud. A rigor, nenhuma das alternativas está correta. A ideia de inconsciente é bem anterior a Freud. Em seu contínuo momento de perscrutar a razão, suas possibilidades e seus limites, a filosofia, em dado momento, de diferentes modos e por variadas correntes, deu-se conta de que haveria toda uma esfera que, por mais que atuasse sobre a razão, por mais que a abarcasse, não seria acessível pela via racional. Günter Gödde rastreia a tematização mais ou menos cifrada do inconsciente na filosofia, deslindando concepções de um inconsciente "cognitivo", com raízes na filosofia racionalista (de Leibniz, de Kant, Herbart, Gustav T. Fechner, do médico e matemático alemão Hermann von Helmholtz); de um inconsciente "vital", que floresceu na época do romantismo (com Herder, Goethe, Schelling, Friedrich A. Carus), e, por fim, a tradução da vontade "pulsional-racional", que, suscitada por Schelling, levou a Schopenhauer, Edouard von Hartmann e Nietzsche. Durante um bom tempo, aliás, a ideia de inconsciente, antes de ser associada a Freud, era-o a Hartmann, em razão de sua obra *Filosofia do inconsciente (Philosophie des Unbewußten,* 1869), que propunha a existência de um inconsciente psíquico universal. De grande valia sobre as raízes e formulações do inconsciente antes de Freud, cf. GÖDDE, Günter. *Traditionslinien des "Unbewußten". Schopenhauer – Nietzsche – Freud.* Gießen: Psychosozial-Verlag, 2009. Entretanto a inquestionável descoberta freudiana – ou "invenção", se for preferível – é um método a aliar um movimento de tomar contato, de conhecimento do inconsciente, e a inauguração de uma perspectiva terapêutica, que é também de atualização do inconsciente no processo de elucidação, que, na cena clínica, dá-se segundo a atualização de conflitos passados e sua repetição na relação com o analista, ou seja, mediante o jogo de deslocamento de afetos, em que consiste a transferência. (N.T.)

apenas aparente; ela advém de nossos estímulos para a percepção poderem se manter por certo tempo, de modo que a percepção possa com isso se repetir. Esse inteiro estado de coisas se torna nítido na percepção consciente de nossos processos de pensamento, que, é verdade, com efeito também se mantêm, mas da mesma forma podem se esvair num instante. Tudo o que é inconsciente se comporta dessa maneira, e com isso pode facilmente trocar seu estado inconsciente pelo consciente, razão pela qual preferimos chamá-lo de *capaz de consciência* ou *pré-conscientes*. A experiência nos ensinou não existir processo psíquico, por complicado que seja, que não possa eventualmente se manter pré-consciente, mesmo que, via de regra, como se costuma dizer, ele avance para a consciência.

Outros processos e conteúdos psíquicos já não têm acesso tão fácil ao tornar consciente, mas devem ser deduzidos, adivinhados e traduzidos em expressão consciente. Para esses reservamos o nome de realmente inconscientes. Portanto, atribuímos aos processos psíquicos três qualidades, sendo eles conscientes, pré-conscientes ou inconscientes. A diferença entre as três classes de conteúdos dos que são dotados dessas qualidades não é nem absoluta nem permanente. O que é pré-consciente, como vimos, torna-se consciente sem nossa intervenção, o inconsciente pode se tornar consciente por nosso esforço, enquanto, ao fazê-lo, devemos ter a impressão de frequentes vezes sobrepujar resistências bastante fortes. Quando fazemos essa tentativa junto a outros indivíduos, não devemos esquecer que o preenchimento consciente de suas lacunas de percepção, a construção que lhes damos, não significa termos por consciente o conteúdo inconsciente em questão. Pelo contrário, significa que esse conteúdo lhe está presente de início mediante dupla fixação, uma vez na reconstrução consciente que ele percebeu e, fora disso, em seu estado inconsciente original. Nossos esforços continuados chegam então, o mais das vezes, a fazer com que esse inconsciente se torne consciente a si mesmo e, com isso, ambas as fixações coincidem. A quantidade de esforços que temos de despender, pela qual avaliamos a resistência contra o tornar consciente, tem magnitude diferente para cada caso. Por exemplo, o que ocorre no tratamento analítico como resultado de nossos esforços pode também acontecer espontaneamente, isto é, um conteúdo via de regra inconsciente pode se transformar em pré-consciente, e então consciente, como acontece em ampla medida nos estados psicóticos. Disso inferimos que a manutenção de certas resistências internas é uma condição da normalidade. Periodicamente se produz uma redução de resistências, e disso resulta que no estado do sono um conteúdo inconsciente ganha terreno, com isso se produzindo a condição para a formação do sonho. Inversamente, um conteúdo pré-consciente pode se fazer temporariamente inacessível, pode ser barrado por resistências, como é o caso em esquecimentos temporários (omissões) ou quando um pensamento pré-consciente pode ele próprio ser retrogradado num estado inconsciente, o que parece ser a condição dos chistes. Veremos que esse tipo de retrotransformação de conteúdos (ou processos) pré-conscientes no estado inconsciente desempenha um importante papel na causação dos distúrbios neuróticos.

Apresentada em sua generalidade e simplificação, a doutrina das três qualidades do psíquico parece ser mais uma fonte de confusão infinita do que uma contribuição para um esclarecimento. Contudo, não se deve esquecer que ela na verdade não é uma teoria, mas sim um primeiro inventário dos fatos de nossas observações, atendo-se a eles o máximo possível, sem procurar explicá-los. As complicações que ela desvela possivelmente darão a compreender as particulares dificuldades com que nossa pesquisa deve se confrontar. Mas deve-se também presumir que essa teoria se nos fará mais próxima se seguirmos as relações que se estabelecem entre as qualidades psíquicas e as províncias ou instâncias que supomos para o aparelho psíquico. De qualquer modo, também essas relações estão longe de ser simples.

O tornar consciente, antes de mais nada, encontra-se atrelado às percepções que nossos órgãos dos sentidos adquirem do mundo exterior. Para a consideração tópica, ele é um fenômeno que ocorre na camada cortical mais externa do *eu*. Entretanto, também recebemos informações conscientes vindas do interior do corpo, dos sentimentos que sobre nossa vida anímica chegam a ter influência mais imperiosa que as percepções exteriores, e, em determinadas circunstâncias, também os órgãos sensoriais nos proporcionam sentimentos, sensações de dor, além de suas percepções específicas. Mas uma vez que essas sensações, como se as chama para distingui-las das percepções conscientes, partem também dos órgãos terminais, e esses são por nós concebidos como prolongamento, como emissários da camada cortical, podemos manter a afirmação acima. A diferença estaria apenas em que para os órgãos terminais, no caso das sensações e dos sentimentos do corpo, o próprio corpo viria substituir o mundo exterior.

Processos conscientes na periferia do *eu*, todos os demais inconscientes no interior do *eu*: seria esse o estado de coisas mais simples que deveríamos supor. Essa é a relação que efetivamente pode haver entre os animais, mas entre os homens vem se adicionar um complicador, em virtude do qual também processos interiores no *eu* podem adquirir a qualidade de consciência. Isso é obra da função linguística, a conectar firmemente o conteúdo do *eu* a resíduos mnêmicos das percepções visuais, mas em particular das acústicas. A partir daí, a periferia percipiente da camada cortical pode ser excitada a partir de dentro numa amplitude muito maior, processos internos podem se tornar conscientes, assim como transcursos de representação e processos cognitivos, fazendo-se necessário um dispositivo particular que diferencie entre ambas as possibilidades o chamado *exame de realidade*. A equiparação percepção-realidade (mundo exterior) se torna questionável. Erros que agora se produzem com facilidade, via de regra no sonho, são chamados de *alucinações*.

O interior do *eu*, que compreende, sobretudo, os processos de pensamento, tem a qualidade do pré-consciente. Este é característica do *eu*, correspondendo somente a ele. Mas não seria correto fazer a conexão dos restos mnêmicos da linguagem com a condição para o estado pré-consciente, este que muito mais independe daquela, ainda que a presença dessa conexão permita inferir com certeza a natureza pré-consciente do processo. O estado pré-consciente, caracterizado por seu acesso à consciência e também por sua associação com os resíduos linguísticos, é algo de muito peculiar, cuja natureza não se esgota com esses dois traços característicos. A prova disso é que extensos domínios do *eu*, sobretudo o *supereu*, do qual não se pode questionar o caráter de pré-consciente, o mais das vezes se mantêm inconsciente no sentido fenomenológico. Não sabemos por que tem de ser assim. O problema sobre qual seria a real natureza do pré-consciente será abordado mais tarde.

O inconsciente é a única qualidade a governar no *isso*. Assim, *isso* e inconsciente se copertencem de forma tão íntima quanto o *eu* e o pré-consciente, com a diferença de que a relação aqui é ainda mais excludente. Uma visão retrospectiva sobre a história do desenvolvimento da pessoa e de seu aparato psíquico nos permite estabelecer uma distinção significativa no *isso*. Sem dúvida que originalmente tudo era o *isso*, o *eu* tendo se desenvolvido pelo continuado influxo do mundo exterior sobre ele. Durante esse longo desenvolvimento, certos conteúdos do *isso* se mudaram para o estado pré-consciente, e desse modo foram recolhidos no *eu*. Outros se manterão inalterados no *isso*, como seu núcleo, sendo de difícil acesso. Mas durante esse desenvolvimento, o jovem e debilitado *eu*[2] devolve ao estado inconsciente certos conteúdos já acolhidos, abandona-os, e, diante de muitas impressões novas que teria podido recolher, comporta-se de igual modo; assim sendo, tais impressões, rechaçadas, só poderiam deixar no *isso* um vestígio. A esse último domínio do *isso*, tendo em vista a sua gênese, chamamos de *reprimido*. Pouco importa se nem sempre podemos distinguir de forma nítida entre ambas as categorias no *isso*. Elas coincidem aproximadamente com a separação entre o congênito originário e o adquirido durante o desenvolvimento do *eu*.

Se nos decidimos, porém, pela decomposição tópica do aparelho psíquico no *eu* e no *isso*, com a distinção de qualidades pré-conscientes e conscientes correndo em paralelo, e sendo essas qualidades apenas um indicador da diferença, não a sua essência, em que consistirá então a real natureza do estado que se revela no *isso* por meio da qualidade do inconsciente, no *eu* mediante a do pré-consciente, e onde estará a diferença entre ambas?

Bem, sobre isso nada sabemos e, do pano de fundo dessa ignorância, envolto em profundas trevas, nossas escassas compreensões destacam-se como algo deplorável. Aqui nos aproximamos do segredo do psíquico, ainda não revelado. De acordo com o que estamos habituados a fazer, supomos que na vida anímica se faça ativa uma espécie de energia, mas

---

2. As qualificações "jovem e debilitado" atribuídas ao *eu* podem bem ser entendidas se considerarmos que o *eu*, trazido à baila por Freud pela primeira vez em 1895, em seus *Estudos sobre histeria*, desde o início foi concebido sob o signo do conflito e da dinâmica. O seu destino é o conflito. Seu dinamismo deve-se às suas múltiplas tarefas, visto que deve responder ao mesmo tempo às exigências do *isso*, do *supereu* e da realidade, conciliando ou reconciliando suas diferentes reivindicações. Essas tarefas podem ser subsumidas a uma função pautada basicamente pela restrição de satisfações, ou seja, inibir e domar as pulsões sexuais são, por excelência, funções do *eu*, naipe comum de suas atribuições. (N.T.)

falta-nos qualquer ponto de apoio para nos aproximarmos de seu conhecimento mediante analogias com outras formas de energia. Acreditamos discernir que a energia nervosa ou psíquica esteja presente em duas formas, uma de fácil mobilidade, outra já bem mais ligada. Falamos de investiduras e traduções de conteúdos e ainda nos aventuramos a supor que se produz uma "tradução", uma espécie de síntese de diferentes processos pelos quais a energia livre seja transposta em energia ligada. Ainda que não tenhamos avançado mais além desse ponto, sustentamos o parecer de que a diferença entre estado inconsciente e pré-consciente reside em tais relações dinâmicas, a partir das quais se poderia chegar à compreensão de que um deles pode ser transportado para o outro de maneira espontânea ou por meio de nossa colaboração.

Por trás de todas essas incertezas reside, porém, um fato novo, cujo descobrimento devemos à investigação psicanalítica. Ficamos sabendo que os processos no inconsciente ou no *isso* obedecem a outras leis que não as do *eu* pré-consciente. A essas leis, em sua totalidade, chamamos de processo primário, ao contrário dos processos secundários, que governam os transcursos no pré-consciente, no *eu*. Assim sendo, para concluir, o estudo das qualidades psíquicas não há de se revelar estéril.

Capítulo 5
Interpretação do sonho como explicitação

A investigação de estados normais, estáveis, nos quais as fronteiras do *eu* estão asseguradas contra o *isso* mediante resistências (contrainvestiduras), nos quais essas fronteiras se mantêm intocadas e o *supereu* não se distingue do *eu*, já que ambos trabalham em conjunto, tal investigação nos traria pouco esclarecimento. Só o que nos poderá fazer avançar são os estados de conflito e sublevação, nos quais o conteúdo do *isso* inconsciente mantém perspectivas de penetrar na consciência e o *eu* volta a se pôr em posição de defesa contra essa irrupção. Só mesmo sob essas condições podemos fazer observações que confirmem ou retifiquem nossos pormenores sobre ambos os partícipes. Ora, tal estado é o sono noturno, e por isso mesmo também a atividade psíquica no sono, percebida por nós como sonho, se faz nosso mais favorável objeto de estudos. Com isso, evitamos também a censura, ouvida com tanta frequência, de que construímos a vida anímica normal seguindo achados patológicos, já que o sonho é um acontecimento regular na vida dos seres humanos normais, enquanto seus traços podem ser distinguidos dos das produções de nossa vida em vigília. O sonho, como é do conhecimento de todos, pode ser confuso, incompreensível, mesmo sem sentido algum, e seus dados podem contradizer tudo o que sabemos da realidade, e comportamo-nos como doentes mentais, uma vez que, enquanto sonhamos, os conteúdos do sonho contradizem a realidade objetiva.

Embrenhamo-nos na via para a compreensão ("interpretação") do sonho quando supomos que o que recordamos como sonho ao despertar não é o efetivo processo onírico, e, sim, apenas uma fachada, por trás da qual ele próprio se oculta. Essa é a nossa diferenciação de um conteúdo *manifesto* e de conteúdos oníricos *latentes*. Ao processo pelo qual dos segundos se faz surgir o primeiro chamamos *trabalho do sonho*. Com base num destacado exemplo, o estudo do trabalho do sonho ensina-nos de que modo um material inconsciente, um material originário e reprimido, impõe-se ao *eu*, torna-se pré-consciente e, em razão da revolta do *eu*, vivencia aquela a que conhecemos como *desfiguração onírica*. Não há nenhum traço característico do sonho que não possa ser esclarecido dessa maneira.

O melhor é começarmos com a constatação de que há dois tipos de fatores a ocasionar a formação do sonho. Ou se tem uma moção pulsional via de regra sufocada (um desejo inconsciente), que durante o sono encontrou a força de se fazer valer no *eu*, ou então uma aspiração pendente da vida em vigília, um processo de pensamento pré-consciente, com todas as moções conflituosas que dele dependem, encontrou no sono uma intensificação por meio de um elemento inconsciente. Portanto sonhos desde o *isso* ou desde o *eu*. Para ambos os casos, o mecanismo de formação do sonho é igual, e também a condição dinâmica é a mesma. O *eu* comprova sua gênese tardia a partir do *isso*, suspendendo temporariamente suas funções e permitindo o regresso a um estágio anterior. Isso acontece de maneira correta quando ele interrompe seus vínculos com o mundo exterior e retira seus investimentos dos órgãos dos sentidos. Com razão se pode dizer que, com o nascimento, surge uma pulsão a retornar à vida intrauterina abandonada, uma pulsão do sono. O sono é bem essa espécie de retorno ao ventre materno. Uma vez que o *eu* em vigília domina a mobilidade, essa função é paralisada no estado do sono, e, com isso, boa parte das inibições impostas ao *isso* inconsciente se torna supérflua. A retirada ou redução desses "contrainvestimentos" permite então ao *isso* um grau de liberdade agora inofensivo. As provas da participação desse *isso* inconsciente na formação do sonho são abundantes e de natureza convincente: a) A memória do sonho é muito mais abrangente que a memória em estado de vigília. O sonho traz lembranças que o sonhante esqueceu, que na vida desperta se lhe estiveram inacessíveis. b) O sonho faz um emprego ilimitado de símbolos linguísticos, cujo significado o sonhante, o mais das vezes, não conhece. Mas podemos confirmar seu sentido por nossa experiência. Provavelmente eles advêm das fases anteriores do desenvolvimento da linguagem. c) Muitas vezes, a formação do sonho reproduz impressões da infância primeva daquele que sonha, e dessas podemos resolutamente afirmar não apenas que foram esquecidas, mas que foram tornadas inconscientes por força da repressão. Reside aí o auxílio frequentemente inestimável do sonho na reconstrução do período precoce do sonhante, este que buscamos no tratamento analítico das neuroses. d) Além disso, o sonho faz emergir conteúdos que nem podem derivar da vida madura nem da infância esquecida de quem sonha. Devemos vê-los como parte da herança *arcaica*, esta que a criança, pela influência da experiência dos ancestrais, traz ao mundo antes de qualquer experiência própria. A contraprova a esse material filogenético, encontraremos então nas mais antigas lendas da humanidade, bem como nos usos destas que sobreviveram. O sonho torna-se, assim, uma fonte da pré-história humana que em nada se deve desprezar.

Mas o que torna o sonho tão inestimável para nossa compreensão é o fato de o material inconsciente, ao penetrar no *eu*, trazer consigo seus modos de trabalhar. Isso quer dizer que, no decorrer do trabalho do sono, os pensamentos pré-conscientes, nos quais ele encontrou sua expressão, são tratados como se aqueles pensamentos fossem partes inconscientes do *isso*, e, no outro caso, o da formação do sonho, os pensamentos pré-conscientes que foram buscar o reforço da moção pulsional inconsciente são rebaixados ao estado inconsciente. Somente por essa via aprendemos quais são as leis que regem o transcurso no inconsciente e no que elas diferem das regras conhecidas na vida em vigília. Portanto o trabalho do sonho é essencialmente um caso de elaboração inconsciente de processos de pensamento inconscientes. Para proceder a uma comparação advinda da história: os conquistadores invasores tratavam a terra conquistada não segundo o direito que ali encontravam, mas segundo o seu próprio direito. Contudo é inegável que o trabalho do sonho é um compromisso. Na deformação imposta ao material inconsciente e nas tentativas, não raro bastante insuficientes, de dar ao conjunto uma forma ainda aceitável para o *eu* (elaboração secundária), faz-se possível reconhecer a influência da organização do *eu* que ainda não foi paralisada. Isso vem a ser, numa comparação, a expressão da resistência persistente dos que foram submetidos.

As leis do transcurso do inconsciente que desse modo vêm à luz são bastante curiosas e suficientes para explicar a maior parte do que no sonho parece estranho. Sobretudo, há uma notável tendência à *condensação*, uma inclinação a formar novas unidades com elementos que no pensamento em vigília com certeza teríamos mantido separados. Como consequência, um único elemento do sonho manifesto pode representar uma grande quantidade de pensamentos oníricos latentes, como se fosse uma alusão comum a eles, e, de modo geral, a extensão do sonho manifesto é extraordinariamente abreviada em comparação com a riqueza do material de que surgiu. Outra propriedade do trabalho do sonho, não de todo independente da primeira, é a facilidade no *deslocamento* das intensidades psíquicas (investiduras) de um elemento sobre o outro, de modo que no sonho manifesto frequentemente aparece um elemento que era acessório nos pensamentos oníricos, e, de modo inverso, elementos essenciais dos pensamentos oníricos são representados no sonho manifesto por alguns mínimos indícios. Além disso, na maioria dos casos basta ao trabalho do sonho relações de comunidade francamente ínfimas para substituir um elemento por outro em todas as operações seguintes. É fácil compreender quanto esses mecanismos de condensação e deslocamento podem dificultar a descoberta das relações entre o sonho manifesto e os pensamentos oníricos latentes. Dessas duas tendências, à condensação e ao deslocamento, nossa teoria extrai a evidência de que no inconsciente a energia se encontra num estado de mobilidade mais livre, enquanto, no caso das quantidades de excitação, a possibilidade de descarga é a que mais importa ao *isso*;[1] desse modo, nossa teoria emprega ambas as propriedades para caracterizar o processo primário atribuído ao *isso*.

Por meio do estudo do trabalho do sonho, conhecemos ainda muitas outras peculiaridades dos processos do inconsciente, das quais apenas poucas devem aqui ser citadas. No inconsciente, as regras decisivas da lógica não têm validade alguma, podendo se dizer que ele é o reino do ilógico. Aspirações de objetivos que se contrapõem coexistem lado a lado no inconsciente, sem suscitar nenhuma necessidade de compensação. Ou de modo algum se influem entre si ou então, se isso se dá, não se produz nenhuma decisão, mas sim um compromisso que se torna disparatado por incluir, juntos, elementos inconciliáveis. Associado a isso se tem que os opostos não se separam, mas são tratados como idênticos, de modo que no sonho manifesto cada elemento pode significar também o seu contrário. Alguns linguistas descobriram que nas línguas mais

---

1. A analogia diz respeito ao suboficial que, ao receber uma reprimenda de seu superior sem nada dizer, cria um subterfúgio para sua ira no primeiro inocente que passe à sua frente.

antigas se passava a mesma coisa, e opostos como forte-fraco, claro-escuro, alto-profundo expressavam-se originariamente pela mesma raiz, até que duas diferentes modificações do termo original separaram ambos os significados. Resíduos do duplo sentido originário se conservariam numa língua altamente evoluída como o latim, no uso de *altus* (alto e profundo), *sacer* (sagrado e ímpio) etc.

Diante da complicação e da multivocidade das relações entre sonho manifesto e conteúdo latente, certamente se justifica perguntar por qual via se consegue derivar um do outro, e se tal não estaria reduzido a uma adivinhação feliz, ou então nos apoiando ao acaso na tradução dos símbolos que aparecem no sonho manifesto. A informação que se pode dar é a de que na grande maioria dos casos essa tarefa admite solução satisfatória, mas isso apenas com o auxílio das associações que o próprio sonhante vier a trazer com elementos do conteúdo manifesto. Qualquer outro procedimento é arbitrário e não há de produzir segurança alguma. Porém as associações de quem sonha trazem à luz os elos intermediários que inserimos nas lacunas entre ambos, e com tal auxílio restabelecemos o conteúdo onírico latente, podemos "interpretar" o sonho. Não admira que eventualmente esse trabalho de interpretação, contraposto ao trabalho do sonho, não alcance plena certeza.

Ainda nos resta prover o esclarecimento dinâmico da razão pela qual o *eu* dormente assume a tarefa do trabalho do sonho. Felizmente é fácil descobri-la. Todo sonho em curso de formação faz uma exigência ao *eu*, com o auxílio do inconsciente, que é satisfazer a uma pulsão, quando ele advém do *isso* – exigência da resolução de um conflito, do sanar de uma dúvida, de estabelecer um propósito, se ele for oriundo de um resíduo de atividade pré-consciente na vida em vigília. Ocorre que o *eu* que dorme encontra-se regulado pelo desejo de manter o sono, sente essa exigência como um incômodo e tenta eliminar esse incômodo. Consegue por um ato de aparente condescendência, contrapondo à demanda, para cancelá-la, uma *satisfação de desejo*, que sob essas circunstâncias é inofensivo. Essa substituição da demanda por um cumprimento de desejo constitui a operação essencial do trabalho do sonho. Talvez não seja supérfluo ilustrá-lo com três simples exemplos: um sonho de fome, um sonho de comodidade e um de necessidade sexual. No sonhante que dorme, anuncia-se uma necessidade de comer, ele sonha com uma lauta refeição e torna a dormir. Naturalmente, ele teve a escolha de levantar para comer ou então continuar com o sono. Optou pelo último e satisfez a fome no sonho, pelo menos por algum tempo; se a fome persistir, no entanto, ele terá de despertar. O outro caso: o sonhante [é médico] tem de despertar para estar na clínica em dado horário. Mas continua a dormir e sonha que já está lá, ainda que na condição de paciente, razão pela qual não precisa sair da cama. Ou então durante a noite estimula-se nele a ânsia de desfrutar de um objeto sexual proibido, a esposa de um amigo. Sonha que mantém trânsito sexual, não com essa pessoa, por certo, mas com outra que tem o mesmo nome, por mais que isso lhe seja indiferente. Ou sua revolta se exterioriza, uma vez que a amada se mantém em completo anonimato.

Por certo que nem todos os casos são tão simples. Sobretudo nos sonhos que partem dos vestígios diurnos não liquidados e que mais não fazem além de buscar no estado do sono uma intensificação inconsciente, frequentes vezes não é fácil revelar a força pulsional inconsciente e sua satisfação de desejo, mas pode-se bem supor sua presença em todos os casos. A tese segundo a qual o sonho é satisfação de desejo há de ser facilmente lançada na incredulidade se lembrarmos de quantos sonhos têm um conteúdo diretamente penoso ou mesmo nos fazem despertar de angústia, para não falar dos tantos sonhos sem um matiz de sentimento definido. Mas a objeção do sonho de angústia não resiste à análise. Não se deve esquecer que em todos os casos o sonho é o resultado de um conflito, de uma espécie de formação de compromisso. O que para o *isso* inconsciente é uma satisfação, pode ser para o *eu*, e por isso mesmo, ocasião de angústia.

Conforme se der esse trabalho de sonho, algumas vezes o inconsciente é que melhor se impõe, e outras vezes o *eu* se defenderá com mais energia. Os sonhos de angústia são quase sempre aqueles cujo conteúdo apresenta a desfiguração mínima. Se a demanda do inconsciente for grande demais, a ponto de o *eu* que dorme já não ser capaz de dela se defender com os meios de que dispõe, ele desistirá do desejo de dormir e voltará à vida desperta. Dá-se razão a todos os experimentos quando se diz que o sonho é sempre uma tentativa de eliminar o distúrbio do sono mediante a satisfação de desejos, sendo, portanto, o guardião do sono. Esse intento pode ser logrado de maneira mais ou menos perfeita, podendo também fracassar, e, nesse caso, o sonhante desperta, aparentemente em razão do próprio sonho. Mesmo ao valente guardião noturno, que deve guardar o sono da cidadela, em certas circunstâncias nada resta senão armar o alvoroço.

Como conclusão dessas elucidações, devemos fazer saber que a demorada atenção ao problema da interpretação do sonho se justifica. Disso resulta que os mecanismos inconscientes, reconhecidos em razão do estudo do trabalho do sonho e que nos esclareceram sobre a formação dele, também ajudam a compreender as enigmáticas formações de sintoma que fazem a neurose e a psicose suscitar nosso interesse. Uma coincidência como essa só pode despertar em nós grandes esperanças.

Parte II – A tarefa prática

Capítulo 6
A técnica psicanalítica

O sonho é, pois, uma psicose, com todos os despropósitos, formações delirantes, ilusões dos sentidos que essa última supõe. Uma psicose, por certo, de curta duração, inofensiva, encarregada de uma função útil, introduzida pela aquiescência da pessoa, um ato de sua vontade o podendo lhe pôr um termo. Mas mesmo assim uma psicose, e com ela aprendemos que mesmo uma mudança profunda da vida anímica pode ser revogada, pode dar espaço à função normal. Sendo assim, seria ousado esperar que fosse possível submeter a nosso influxo e trazer a cura às enfermidades espontâneas da vida anímica, mesmo as mais temidas?

Sabemos já um tanto para a preparação dessa empreitada. Segundo nossa premissa, o *eu* exerce a tarefa de satisfazer às demandas dessas três dependências, isto é, da realidade, do *isso* e do *supereu*, e não obstante manter sua organização, afirmar sua autonomia. A condição dos estados patológicos referidos pode consistir numa debilidade relativa ou absoluta do *eu*, que lhe impossibilita o cumprimento de suas tarefas. A exigência mais dura feita ao *eu* vem a ser, provavelmente, refrear as exigências pulsionais do *isso*, para o qual se devem garantir grandes despesas de contrainvestimentos. Mas é o caso também de a demanda do *supereu* ser forte e implacável a ponto de o *eu* se ver como que paralisado diante dela. Nos conflitos econômicos que daí resultam, muitas vezes supomos que *eu* e *supereu* façam causa comum contra o *eu*, que, para conservar sua norma, pretende se aferrar à realidade objetiva. Se os dois primeiros se tornam demasiado fortes, conseguem relaxar e modificar a organização do *eu*, de modo que sua relação correta com a realidade seja perturbada e mesmo suprimida. Foi o que vimos no sonho; se o *eu* se desata da realidade do mundo exterior, cai na psicose sob a influência do mundo interior.

É sobre esses arrazoados que fundamos nosso plano de cura. O *eu* é enfraquecido pelo conflito interno, e nós temos de acudir em seu auxílio; como numa guerra civil destinada a ser decidida mediante o auxílio de um aliado de fora. Amparados pelo mundo exterior, o médico analista e o *eu* debilitado do enfermo devem formar um partido contra os inimigos, contra as exigências pulsionais do *isso* e contra as exigências de consciência moral do *supereu*. Celebramos um contrato. O *eu* enfermo nos promete a mais plena sinceridade, isto é, a disposição sobre todo o material que sua autopercepção lhe proporcione, e nós lhe asseguramos a mais estrita discrição e pomos a seu serviço nossa experiência na interpretação do material influenciado pelo inconsciente. Nosso saber deve remediar seu não saber, deve devolver a seu *eu* o domínio sobre circunscrições perdidas da vida anímica. Nesse contrato consiste a situação analítica.

Na sequência desse passo, espera por nós a primeira desilusão, a primeira exortação à modéstia. Se o *eu* do enfermo deve ser um aliado valioso em nosso trabalho comum, ele tem de conservar, em que pese toda aflição a que o submetem os poderes inimigos, certa medida de coerência, um tanto de percepção para as exigências da realidade. Mas isso não se pode esperar do *eu* do psicótico, este não consegue respeitar tal contrato, nem mesmo o celebrar. Rapidamente, nossa pessoa, e o auxílio que ela pode lhe prestar, são lançados às partes do mundo exterior, que para ele nada mais significam. Com isso reconhecemos que temos de renunciar a buscar nosso plano de cura em psicóticos. Talvez renunciar para sempre, talvez por algum tempo, até ser encontrado outro plano mais útil para isso.

Mas há outra classe de doentes psíquicos, evidentemente muito próximos dos psicóticos: a enorme quantidade de neuróticos graves. As condições da enfermidade, assim como os mecanismos patogênicos, por certo que ali serão os mesmos, ou pelo menos bastante semelhantes. Mas seu *eu* mostrou ser capaz de maior resistência, é menos desorganizado. Muitos deles puderam se afirmar na vida real, a despeito de todos os seus males e das insuficiências por eles provocadas. Esses neuróticos podem se mostrar prontos a aceitar nossa ajuda. É a eles que desejamos restringir nosso interesse, procurando ver até que ponto e por quais vias eles podem "se curar".

Portanto com os neuróticos celebramos o contrato: plena sinceridade em troca de rigorosa discrição. A impressão que se tem é a de como se buscássemos um confessor profano. Mas a diferença é grande, pois não queremos apenas escutar o que ele sabe e esconde dos outros, mas ele também deve nos contar o que não sabe. Com esse propósito, damos a ele uma definição mais precisa do que entendemos por sinceridade. Nós o comprometemos a observar a *regra fundamental* analítica, que futuramente deve reger sua conduta para conosco. Ele deve não apenas nos comunicar o que tem a intenção e o gosto de dizer, o que vai lhe trazer alívio, mas também tudo o mais que lhe for proporcionado por sua auto-observação, tudo o que lhe vier à mente, mesmo que lhe seja desagradável dizer, mesmo que lhe pareça *desimportante* ou mesmo *sem sentido*. Se, com essa instrução, ele conseguir desativar a autocrítica, vai nos fornecer boa quantidade de material, de pensamentos, de ideias, de lembranças que se encontram já sob a influência do inconsciente, sendo não raros seus derivados diretos, que também nos põem em condições de adivinhar o inconsciente nele reprimido e, mediante nossa comunicação, ampliar o conhecimento que seu *eu* tem de seu inconsciente.

Mas que fique bem longe de nós a ideia de que o papel de seu *eu* deveria se limitar a, em obediência passiva, trazer-nos o material solicitado e a dar crédito à nossa tradução desse material. Acontecem muitas outras coisas, algumas que deveríamos prever, outras que por certo vão nos surpreender. O mais notável é que o paciente com isso não se limita a considerar o analista à luz da realidade, como o auxiliador e conselheiro a quem se deve retribuir por seu esforço e que bem se conformaria ao papel, por exemplo, de um guia para uma difícil excursão pela montanha, mas o paciente vê nele um retorno – reencarnação – de uma pessoa importante saída de sua infância, de seu passado, e por isso transfere a ele sentimentos e reações que certamente se referem a esse modelo. Esse fato da transferência de pronto se revela um fator de insuspeitada importância, por um lado como recurso auxiliar de valor insubstituível e por outro, como fonte de sérios riscos. Essa transferência é *ambivalente*, compreende atitudes positivas, ternas, como também negativas e inamistosas para com o analista, que, via de regra, é posto no lugar de um cônjuge, do pai ou da mãe. À medida que é positiva, presta-nos os melhores serviços. Muda a inteira situação analítica, põe de lado o propósito racional, torna-a saudável e isenta de sofrimento. Em seu lugar, entra em cena a intenção de agradar o analista, de obter sua aprovação e seu amor. Convertendo-se em verdadeiro desencadeador da colaboração do paciente, o *eu* fraco se fragiliza, sob sua influência o paciente realiza esforços que de outro modo não lhe seriam possíveis, suspende seus sintomas, torna-se aparentemente saudável, apenas por amor ao analista. O analista pode se admitir embaraçado, uma vez que iniciou uma empresa difícil, sem suspeitar de quão extraordinário é o recurso que tem à disposição.

Além disso, a relação de transferência traz consigo mais duas outras vantagens. Se o paciente põe o analista na posição de seu pai (sua mãe), com isso também lhe confere o poder que seu *supereu* exerceu sobre o *eu*, já que esses pais têm sido, sim, a origem de seu *supereu*. O novo *supereu* tem então a oportunidade de uma *pós-educação* do neurótico, pode corrigir desacertos de que seus pais podem ter sido culpados em sua educação. No entanto aqui se põe uma advertência, que é a de não abusar da nova influência. Para o analista, pode ser tentador converter-se em professor, modelo e ideal para outros, criar pessoas segundo seu modelo, mas ele não deve esquecer que essa não é sua tarefa na relação analítica, e mesmo seria infiel a ela caso se deixasse arrastar por tal inclinação. Com isso ele apenas repetiria um erro dos pais, que sufocaram a independência da criança com sua influência, havendo então apenas a substituição da dependência anterior por outra. Mas o analista deve envidar todos os seus esforços para melhorar e educar a especificidade do paciente. A medida de influência que ousar exercer com legitimidade será determinada pelo grau de inibição de desenvolvimento que encontrar no paciente. Alguns neuróticos se mantêm tão infantis que na análise só podem ser tratados como crianças.

Outra vantagem da transferência é ainda que nela o paciente encena para nós, com aparente nitidez, uma parte importante de sua história de vida, sobre ela, provavelmente; se assim não fosse, nos daria informações insuficientes. Ele, por assim dizer, age diante de nós, em vez de nos relatar.

E eis agora o outro lado da relação. Uma vez que a transferência reproduz a relação com os pais, também se reveste de sua ambivalência. É difícil evitar que a atitude positiva para com o analista um dia se converta em atitude negativa e inamistosa. Também esse comportamento é, de hábito, uma reprodução do passado. A docilidade para com o pai (caso se trate dele), o ato de solicitar sua benevolência, encontram-se enraizados num desejo erótico orientado para sua pessoa. Vez por outra essa demanda se impõe também na relação analítica e insiste em ser satisfeita. Na situação analítica ela deve encontrar unicamente a recusa. Relações sexuais reais entre paciente e analista estão excluídas, e mesmo as formas mais sutis de satisfação como preferência, intimidade, só mesmo com parcimônia são autorizadas pelo analista. Um tal desdém será o ensejo da mutação, provavelmente o mesmo tendo se passado na infância do paciente.

Os êxitos terapêuticos produzidos sob o domínio da transferência positiva deparam com a suspeita de ser de natureza *sugestiva*. Se a transferência negativa acaba por prevalecer, tais êxitos serão removidos como palha ao vento. Nesse caso, com espanto se observa que todo esforço e trabalho foram em vão. Sim, mesmo o que se poderia considerar um duradouro ganho intelectual para o paciente, sua compreensão da psicanálise, sua confiança na eficácia dela, de repente desaparecem. Ele se comporta como a criança sem juízo algum que acredita cegamente em quem conta com seu amor, e não num estranho. É evidente que o perigo desses estados de transferência está em o paciente desconhecer sua natureza e tomá-la por novas experiências vividas e reais, em vez de espelhamentos do passado. Ele (ou ela) pressente a forte necessidade erótica que se esconde por trás da transferência positiva e acredita estar profundamente apaixonado; se a transferência passar por uma reviravolta, vai se considerar ferido e abandonado, vai odiar o analista como a um inimigo e estará a ponto de abandonar a análise. Em ambos os casos extremos há, de sua parte, um esquecimento do contrato que celebrara no início do tratamento, tornando-se incapaz de dar continuidade ao trabalho conjunto. O analista tem a tarefa de arrancar o paciente de sua ameaçadora ilusão, tornando a lhe mostrar que o que ele toma por uma nova vida real na verdade é um espelhamento do passado. E com isso ele não incide num estado que se lhe torna inacessível a todas as evidências, havendo o cuidado para que nem o estado amoroso nem a hostilidade cheguem a nível tão extremo. Isso é o que se faz quando, com boa antecedência, tem-se uma preparação para essas possibilidades, cujos primeiros sinais não devem passar despercebidos. Esse cuidado no manejo do tratamento da transferência costuma ser ricamente recompensado. E caso se chegue, como acontece o mais das vezes, a instruir o paciente acerca da real natureza dos fenômenos da transferência, com isso se fará sua resistência se despojar de uma arma poderosa, e o perigo se converterá em ganho, pois o que o paciente vivenciou na forma de transferência ele não mais esquecerá, o que tem para ele força mais convincente do que tudo o que foi adquirido de outra maneira.

Para nós é algo de muito indesejado que o paciente venha a *agir*, em vez de lembrar fora da transferência, pois para nossos objetivos o comportamento ideal seria que ele se comportasse da maneira mais normal possível fora do tratamento e manifestasse suas reações anormais apenas na transferência.

A via que seguimos para fortalecer o *eu* enfraquecido parte da ampliação de seu autoconhecimento. Sabemos que isso não é tudo, mas é o primeiro passo. A perda desse tipo de conhecimento significa para o *eu* um revés de poder e de influência, sendo esse o primeiro índice tangível de que ele se encontra constrangido e impedido pelas exigências do *eu* e do *supereu*. Com isso, a primeira peça de nosso auxílio terapêutico é um trabalho intelectual e uma exortação ao paciente para que colabore com ele. Sabemos que essa primeira atividade deve nos facilitar o caminho para outra tarefa, mais difícil. Nem mesmo durante a introdução devemos perder de vista a parte dinâmica dessa última. Na condição de material para nosso trabalho, obtemo-lo de fontes diversas: o que suas comunicações e associações livres significam para nós, o que nos mostra em suas transferências, o que extraímos da interpretação de seus sonhos, o que ele revela com seus *atos falhos*. Todo esse material nos ajuda na construção acerca do que com ele se passou e de que ele se esqueceu, do que agora se passa com ele sem que o compreenda. Com isso, nunca omitimos manter uma estrita diferenciação entre nosso saber e o seu saber. Evitamos lhe comunicar de pronto o que vínhamos decifrando não raro desde muito cedo, como evitamos lhe comunicar o que acreditamos ter decifrado. Ponderamos com cautela sobre quanto devemos fazê-lo conhecedor de uma construção nossa, o que nem sempre é fácil de decidir. Via de regra, retardamos a comunicação de uma construção, a elucidação, até que ele próprio esteja se aproximando a ponto de lhe restar apenas um passo, que, aliás, é o da síntese decisiva. Se procedêssemos de modo diferente e o tomássemos de assalto com nossas interpretações antes que ele estivesse preparado, a comunicação ou seria malsucedida ou suscitaria uma violenta irrupção de *resistência*, que dificultaria a continuidade do trabalho ou mesmo poderia colocá-lo em questão. Mas se tudo prepararmos corretamente, com frequência conseguiremos que o paciente de imediato confirme nossa construção e se recorde dos processos internos ou externos esquecidos. Quanto mais a construção vier a coincidir com os detalhes do esquecido, mais fácil se fará seu assentimento. Nesse ponto, nosso saber tornar-se-á também seu saber.

Com a menção à resistência chegamos à segunda mais importante parte de nossa tarefa. Já ouvimos que o *eu* se protege da intrusão de elementos indesejados vindos do *isso* inconsciente e reprimidos mediante contrainvestimentos, cuja integridade é uma condição de sua função normal. Quanto mais o *eu* se sentir *eu*, mais convulsivamente se aferrará, como que intimidado, a essas contrainvestiduras, a fim de proteger o que dele resta diante de novas irrupções. Mas essa tendência defensiva de modo algum se harmoniza com as intenções de nosso tratamento. Ao contrário, queremos que o *eu*, tornado ousado mediante a segurança de nosso auxílio, possa fazer uso de um ataque para reconquistar o que foi perdido. Com isso percebemos a força desses contrainvestimentos como *resistências* contra nosso trabalho. O *eu* recua de medo diante de tais empresas, que lhe parecem perigosas e trazem ameaças de desprazer; ele deve ser constantemente encorajado e apaziguado, para não nos impor uma recusa. Essa resistência, que persiste ao longo de todo o tratamento e se renova a cada nova fase do trabalho, chamamo-la, de modo não muito correto, de *resistência do reprimido*. Veremos que não é a única a se pôr diante de nós. O interessante é que, nessa situação, a formação de alianças em certa medida se inverte, já que o *eu* se insurge contra nossa incitação, e o inconsciente, contudo, que em outros casos é nosso adversário, vem nos proporcionar ajuda, já que ele tem naturalmente uma "pulsão emergente", não exigindo nada além de penetrar, para além das fronteiras que lhe são fixadas, no *eu* e até na consciência. A luta que se desenrola até fazermos valer nosso propósito e podermos levar o *eu* a superar suas resistências realiza-se sob nossa direção e com a ajuda que pudermos empenhar. É indiferente a saída que ele tome, e ela pode fazer com que o *eu*, após novo exame, aceite uma demanda pulsional até então reprimida, ou então torne a rechaçá-la, desta vez de forma definitiva. Em ambos os casos elimina-se um risco duradouro, a extensão do *eu* deve ser ampliada, e uma custosa despesa é tornada supérflua.

A superação da resistência é a parte de nosso trabalho que exige mais tempo e demanda os maiores esforços. Mas ela também tem retorno, conduz a uma vantajosa mudança do *eu*, que se conservará independentemente do êxito da transferência e se preservará durante a vida. Ao mesmo tempo, também temos trabalhado para eliminar aquela modificação do *eu* que tiver se produzido sob a influência do inconsciente, pois todas as vezes em que chegamos a demonstrar tais derivados desse mesmo *eu* mostramos sua origem ilegítima e estimulamos o *eu* a rejeitá-la. Lembramo-nos de que tal mudança do *eu* por meio da intrusão de elementos inconscientes não tinha excedido uma determinada medida.

Quanto mais nosso trabalho seguir, e quanto mais se aprofundar nossa compreensão na vida anímica do neurótico, com mais nitidez se nos imporá o conhecimento de dois novos fatores a demandar máxima atenção como fontes da resistência. Ambos são desconhecidos do doente, nem um nem outro podendo ser levados em conta no momento de celebração de nosso contrato; tampouco emanam do *eu* do paciente. Podemos reuni-los sob o nome comum: necessidade de doença ou de sofrimento, mas são de origens diferentes, ainda que sejam de natureza aparentada. O primeiro desses dois fatores é o sentimento de culpa ou a consciência de culpa, ignorando-se aqui o fato de que o doente não a sente nem a reconhece. É evidente que a contribuição à resistência opõe um *supereu* tornado especialmente duro e cruel. O indivíduo não deve recobrar a saúde, mas continuar doente, pois não merece nada melhor. Essa resistência na verdade não propriamente perturba nosso trabalho intelectual, mas torna-o ineficaz, permite mesmo, frequentes vezes, que suprimamos uma forma de sofrimento neurótico, estando logo pronta a substituí-lo por outra enfermidade somática. Esse sentimento de culpa explica também a cura ou melhoria de neuroses graves decorrentes de infortúnios reais, como por vezes se observou; o que se tem é que só interessa que se seja miserável, não importando de que maneira. A resignação sem queixas com que não raro tais pessoas suportam seu pesado destino é algo de muito espantoso, mas também revelador. Para se defender dessa resistência, devemos nos limitar a torná-la consciente e proceder a uma lenta desconstrução do *supereu* hostil.

Algo menos fácil é demonstrar a existência de outra resistência, e para combatê-la encontramo-nos especialmente incapazes. Entre as pessoas neuróticas existem aquelas que, a julgar por todas as reações, vivenciam o impulso de autoconservação precisamente como uma inversão. Parecem ter em vista nada além de trazer prejuízo a si mesmas e se autodestruir. Talvez pertençam a esse grupo até mesmo as pessoas que acabam cometendo suicídio. Supomos que haja nelas uma contínua desagregação pulsional, cuja consequência é a liberação de enormes quantidades de pulsão de destruição voltadas para dentro. Tais pacientes não podem suportar a ideia de um restabelecimento em razão de nosso tratamento, e a isso se opõem com todos os meios. Devemos admitir que aí se tem um caso que não fomos felizes em elucidar completamente.

Lancemos ainda um olhar à situação a que chegamos em nossa tentativa de vir em socorro ao *eu* neurótico. Esse *eu* já não pode realizar a tarefa que lhe impõe o mundo exterior, aí compreendida a sociedade humana. Ele não dispõe de todas as experiências, e grande parte de seu tesouro de lembranças acabou por lhe escapar. Sua atividade é inibida por estritas proibições do *supereu*, sua energia se consome em vãs tentativas de se defender das demandas do *isso*. Além do mais, em decorrência das incessantes irrupções do *isso*, ele se encontra prejudicado em sua organização, cindido, já não produz nenhuma síntese, vê-se dilacerado por conflitos não solucionados, dúvidas não resolvidas. De início, deixamos que esse *eu* debilitado do paciente participe do trabalho de interpretação puramente intelectual, visando preencher provisoriamente as lacunas em sua circunscrição anímica, deixamos que sua autoridade se transfira para o *supereu*, incitamo-lo vivamente a assumir o combate contra cada uma das demandas do *isso* e a vencer as resistências que daí resultam. Ao mesmo tempo, restabelecemos a ordem em seu *eu*, rastreando os conteúdos e as tendências que aí se fizeram intrusos a partir do inconsciente, e os expomos à crítica, reconduzindo-os à sua origem. Ficamos a serviço do paciente, garantindo diversas funções, na condição de autoridade e substituto dos pais, como mestre e educador; fazemos o que de melhor se pode fazer por ele na condição de analistas, elevamos a um nível normal os processos psíquicos em seu *eu*, transformamos em pré-consciente o que tinha se tornado inconsciente e o que fora reprimido, reintegrando ao *eu* o que lhe é próprio. Do lado do paciente, alguns fatores racionais agem em nosso favor: a necessidade de cura motivada pelo seu sofrimento, bem como o interesse intelectual que nele pudemos despertar para as teorias e revelações da psicanálise, ao tempo mesmo em que, com tanto mais força, a transferência positiva com a qual ele se nos apresenta. Do outro lado, contra nós há o embate da resistência negativa, a resistência de repressão do *eu*, ou seja, seu desprazer em se expor ao pesado trabalho que lhe é atribuído, o sentimento de culpa advindo da relação com o *supereu* e a necessidade de doença oriunda das profundas modificações de sua economia pulsional. Da participação desses dois últimos fatores qualificamos seu caso como leve ou como grave. Independentemente desses dois fatores, pode-se ainda reconhecer alguns outros, passíveis de ser considerados favoráveis ou desfavoráveis. Certa inércia psíquica, uma difícil mobilidade da libido que não quer abandonar suas fixações, dificilmente nos seria bem-vinda. A aptidão da pessoa à sublimação pulsional desempenha um importante papel, assim como sua aptidão a se elevar acima da vida pulsional grosseira, bem como o poder relativo de suas funções intelectuais.

Não estamos decepcionados – ao contrário, achamos perfeitamente compreensível – ao chegar à conclusão de que a saída final do combate depende de relações quantitativas, do montante de energia que podemos mobilizar no paciente em nosso favor, comparado à soma das energias que atuam contra nós. Aqui, uma vez mais, Deus está com os batalhões mais fortes – se por certo nem sempre vencemos, pelo menos na maior parte do tempo podemos saber por que não vencemos. Após esse reconhecimento, o leitor que seguiu nossas explanações com interesse apenas terapêutico possivelmente venha a dar as costas com desdém. Mas a terapia aqui só nos ocupa à medida que trabalha com meios psicológicos; no momento, não temos outros. O futuro talvez venha a nos ensinar a influenciar pela via direta, com substâncias químicas especiais, as quantidades de energia e suas divisões no aparelho anímico. Talvez venham a surgir ainda outras possibilidades insuspeitadas da terapia; no momento, o que temos de melhor à nossa disposição é a técnica psicanalítica, e por isso ela não deveria ser desprezada, a despeito de suas limitações.

Capítulo 7
Uma prova do trabalho psicanalítico

Chegamos a um conhecimento geral do aparelho psíquico, das partes, dos órgãos, das instâncias de que ele se compõe, das forças que nele atuam, das funções que são confiadas a suas partes. As neuroses e psicoses são os estados em que os distúrbios funcionais do aparelho encontram expressão. Como objeto de estudo, escolhemos as neuroses, pois só nelas se mostram acessíveis os métodos psicológicos de nossas intervenções. Enquanto nos esforçamos em exercer nossa influência sobre elas, acabamos por reunir observações que nos proporcionam um quadro de sua origem e de seu modo de aparição.

Queremos iniciar a exposição com nossos principais resultados. As neuroses não têm, como as doenças infecciosas, causas patogênicas específicas. Seria esforço inútil buscar ali agentes patogênicos. Elas estão ligadas às chamadas normas por transições insensíveis e, entretanto, não existe nenhum estado reconhecido como normal em que indícios de traços neuróticos não se deixariam detectar. Os neuróticos trazem quase que as mesmas disposições das outras pessoas, vivenciam as mesmas coisas, ocupam-se das mesmas tarefas. Por que então levam uma vida tão mais penosa e mais difícil, sofrendo com mais sensações de desprazer, de angústia e de dores?

Essa é uma pergunta cuja resposta nós não precisamos ficar devendo. São as *desarmonias* quantitativas que devem ser tornadas responsáveis pelas insuficiências e pelos sofrimentos dos neuróticos. A causação para todas as formas assumidas pela vida anímica humana deve bem ser buscada na ação recíproca das disposições inatas e em vivências acidentais. Assim, é possível que determinada pulsão se faça estabelecida de modo excessivamente forte ou débil, que determinada capacidade seja atrofiada ou insuficientemente desenvolvida durante a vida – por outro lado, as impressões ou vivências exteriores podem fazer a cada um dos indivíduos exigências em graus variados de intensidade, e o que a constituição de um consegue dominar é tarefa por demais difícil para o outro. Essas diferenças quantitativas condicionam a diversidade das questões.

No entanto, logo vamos dizer que essa explicação não é satisfatória. Ela é geral demais, explica demais. A etiologia indicada vale para todos os casos de sofrimento anímico, de miséria e de paralisia, mas nem todos esses estados podem ser referidos como neuróticos. As neuroses apresentam traços específicos, são uma miséria de um tipo específico. Desse modo, para nós será o caso de esperar encontrar causas específicas para elas, ou podemos nos representar que, entre as tarefas que a vida da alma deve dar conta, há algumas em que ela fracassa com especial facilidade, de modo que a particularidade dos fenômenos neuróticos, não raro tão curiosos, poderia decorrer daí, sem que tenhamos de rever afirmações anteriores. Considerando que as neuroses em nada se distanciam do essencial da norma, seu estudo promete nos proporcionar preciosas contribuições ao conhecimento dessa norma. Descobriremos então, possivelmente, os "pontos fracos" de uma organização normal.

A suposição que acabamos de fazer se confirma. Os experimentos analíticos nos ensinam que realmente existe uma demanda pulsional, e a tentativa de dominá-la ou tende a fracassar ou a se realizar de forma apenas imperfeita, havendo um período da vida que é exclusivo ou preponderante no aparecimento de uma neurose. Os dois fatores, a natureza pulsional e a época da vida, demandam um exame separado, ainda que tenham muito que ver um com o outro.

Sobre o papel da época da vida, podemos nos manifestar com um certo grau de certeza. Ao que parece, as neuroses são adquiridas somente na primeira infância (até o sexto ano), ainda que seus sintomas possam aparecer apenas bem mais tarde. A neurose infantil pode se manifestar em tempo bastante curto ou mesmo passar despercebida. O adoecimento neurótico posterior está associado, em todos os casos, ao prólogo na infância. Talvez a neurose a que se chama traumática (que se segue a um susto muito grande, graves comoções somáticas como uma colisão ferroviária, um derrame etc.) seja exceção a esses casos. Até aqui suas relações com a condição infantil escaparam da investigação. É fácil justificar a preferência etiológica do primeiro período da infância. Como sabemos, as neuroses são afecções do *eu*, e não há que se admirar que o *eu*, enquanto fraco, inacabado e incapaz de resistência, fracasse em dar conta de tarefas que mais tarde ele poderia bem desempenhar com facilidade. (As demandas pulsionais vindas de dentro, assim como as excitações do mundo exterior, vão então atuar como "traumas", sobretudo se certas disposições vêm se lhe contrapor.) O *eu* desamparado defende-se por tentativas de fuga (repressões), que mais tarde vão se apresentar inapropriadas e se constituir em restrições duradouras à sequência do desenvolvimento. Os danos ao *eu* por ocasião de suas primeiras experiências vividas parecem-nos desproporcionalmente grandes, mas basta pensar, por analogia, como nas experiências de Roux,[1] na diferença do efeito produzido por uma agulha quando se pica um aglomerado de células em divisão, que se desenvolveu mais tarde a partir delas, em comparação com o efeito num animal acabado. De tais vivências traumáticas não é poupado nenhum indivíduo humano, ninguém estando isento das repressões que elas suscitam. Essas reações problemáticas do *eu* são possivelmente indispensáveis para se atingir outro objetivo, que se introduz no mesmo período da vida. Em poucos anos, o pequeno primitivo deve ter percorrido, em abreviação quase inquietante, uma porção formidavelmente longa do desenvolvimento cultural humano. Isso é tornado possível por uma disposição hereditária, sem jamais poder dispensar a tutela da educação, da influência dos pais que, como precursores do *supereu*, restringem a atividade do *eu* mediante interdições e punições, favorecendo ou impondo o desempenho do recalque. Além disso, não devemos nos esquecer de incluir aí também a influência da cultura entre as condições da neurose. Sabemos que para o bárbaro é fácil ser saudável, enquanto para o homem da cultura isso já é uma tarefa difícil. Podemos bem achar compreensível o anseio por um *eu* forte, não inibido; como

---

1. ROUX, Wilhelm (1850-1924), embriologista, autor do tratado *A luta das partes no organismo*. Muito resumidamente, a teoria de Roux pode ser entendida como uma tentativa de submeter a teoria da evolução – da qual Darwin é o mais eminente representante – à fisiologia, apoiando-se no princípio de hereditariedade de Lamarcke e na exigência do biólogo Ernst Haeckel de trazer explicações mecânico-causais à biologia. Com isso, Roux se propunha a explicar mecanicamente um conceito abrangente e eminentemente dinâmico como o de *Entwicklung*. Se a sua tradução mais apropriada seria "desenvolvimento", mas também "evolução" e "progresso", o conceito de Roux pretende dar conta de dois desenvolvimentos: o que se entende por evolução da espécie (filogênese) e o desenvolvimento do indivíduo (ontogênese). Como resultante dessa intenção, trouxe-se o darwinismo para o interior dos organismos vivos, de modo que a luta pela existência se daria como luta pelo espaço e por nutrição, mesmo entre as menores estruturas orgânicas. (N.T.)

nos ensina a época presente, isto é, no sentido mais profundo, algo inamistoso à cultura. E como as exigências da cultura são representadas pela educação na família, na etiologia das neuroses não devemos nos esquecer dessa característica biológica da espécie humana, que é a do prolongado período da dependência infantil.

No que diz respeito ao outro ponto, o fator pulsional específico, descobrimos aí uma interessante dissonância entre teoria e experiência. Teoricamente não há qualquer objeção à hipótese de que toda demanda pulsional, qualquer que seja, poderia ocasionar as mesmas repressões, quaisquer que sejam, com suas consequências, mas nossa observação, à medida que a podemos avaliar, mostra-nos que as estimulações, às quais se atribui esse papel patogênico, provêm de pulsões parciais da vida sexual. Seria bastante possível dizer que os sintomas das neuroses são ou uma satisfação substitutiva de tal ou qual tendência sexual ou então medidas para se fazer obstáculo a essa satisfação. Via de regra são compromissos entre ambos, assim como se realizam entre opostos segundo as leis em vigor para o inconsciente. No momento, a lacuna em nossa teoria não pode ser preenchida; nossa decisão é tornada mais difícil em razão de a maior parte das aspirações da vida sexual não ser de natureza puramente erótica, e sim muito mais proceder de alianças de pulsões eróticas com elementos da pulsão de destruição. Contudo, não pode haver a menor dúvida de que as pulsões, que se manifestam fisiologicamente como sexualidade, desempenham papel eminente e de inesperada grandeza na causação das neuroses; ora, se esse papel é exclusivo ou não, tem-se aí algo que permanece sem resposta. Deve-se também considerar que no curso do desenvolvimento cultural nenhuma outra função foi repelida de forma tão enérgica e tão ampla quanto, justamente, a função sexual. A teoria deverá se contentar com algumas indicações que revelam uma correlação mais profunda, a saber, que o primeiro período da infância, durante o qual o *eu* começa a se diferenciar do *isso*, é também o período da florescência sexual precoce, ao qual o período de latência põe um fim. Isso de modo algum se dá por acaso, uma vez que essa pré-história significativa mais tarde sucumbirá à amnésia infantil e, finalmente, uma vez que modificações biológicas na vida sexual, como é o caso justamente da instauração em dois tempos da função, da perda do caráter de periodicidade na excitabilidade sexual e da mudança na relação entre menstruação feminina e excitação masculina, uma vez que todas essas inovações na sexualidade, enfim, sejam altamente significativas para o desenvolvimento do animal em homem. À ciência futura restará reunir os dados ainda isolados para se chegar a uma nova compreensão das coisas. Não é a psicologia, mas sim a biologia que aqui mostra uma lacuna. Não estaríamos equivocados se disséssemos que o ponto fraco na organização do *eu* estaria a residir no modo como ele se comporta em relação à sua função sexual, como se a oposição biológica entre a autoconservação e a conservação da espécie tivesse criado aqui uma expressão psicológica.

Se a experiência analítica nos convenceu da plena exatidão da afirmação tantas vezes ouvida, de que a criança é psicologicamente o pai do adulto e que as vivências de seus primeiros anos têm significado inigualável para toda a sua vida posterior, para nós será de interesse particular que exista alguma coisa que se possa designar como a vivência central desse período da infância. Antes de mais nada, nossa atenção é direcionada aos efeitos de certas influências, que não dizem respeito a todas as crianças, ainda que ocorram com suficiente frequência, como o abuso sexual infantil por adultos, a sedução por outras crianças um pouco mais velhas (irmãos) e, algo de bem inesperado, as crianças serem presas da participação como testemunhas auditivas e visuais nos trânsitos sexuais entre adultos (os pais), o mais das vezes numa época em que nem se tem interesse nem a compreensão para tais impressões, tampouco a capacidade para delas se lembrar mais tarde. É fácil estabelecer em que medida a receptividade sexual da criança é despertada por tais experiências vividas e em que medida sua própria tendência sexual é impelida para certas vias que ela não poderá abandonar. Uma vez que essa impressões sucumbem ao recalque, seja de pronto, seja quando querem retornar como lembrança, elas criam a condição para a compulsão neurótica que mais tarde impedirá o *eu* de dominar a função sexual, levando-o, provavelmente, a desviar-se dela de forma permanente. Essa última reação terá como consequência uma neurose; se ela não acontecer, podem-se desenvolver múltiplas perversões, ou pode haver aí uma insubordinação total dessa função, que não será direcionada apenas à reprodução, mas será de importância incomensurável para configuração da vida em seu conjunto.

Por instrutivos que possam ser tais casos, o que merece o mais alto grau de nosso interesse é a influência de uma situação que toda criança está destinada a atravessar, que necessariamente deriva desse fator, qual seja, a duração prolongada dos cuidados dispensados às crianças e a vida em comum com os pais. Eu me refiro ao *complexo de Édipo*, assim denominado porque seu conteúdo essencial remete à lenda grega do rei Édipo, cuja apresentação felizmente nos foi conservada por um grande dramaturgo. O herói grego mata o pai e toma a mãe por esposa. Ele o faz sem saber, uma vez que não conhece a ambos como seus pais, tendo-se aí uma divergência em relação ao fato analítico, que facilmente compreendemos e mesmo reconhecemos como necessária.

Aqui temos de descrever separadamente o desenvolvimento do menino e da menina – do homem e da mulher –, pois é aí que a diferença dos sexos adquire sua primeira expressão psicológica. É com ares de grande enigma que se alça diante de nós o fato biológico da existência dos dois sexos, instância última para nosso conhecimento, desafiando-nos a remetê-lo a outra coisa. A psicanálise em nada contribui para esclarecer o problema, que evidentemente é da inteira competência da biologia. Na vida anímica não encontramos mais do que reflexos dessa grande oposição, e sua interpretação é dificultada pelo fato, de há muito suspeitado, de que nenhum indivíduo se limita aos modos de reação de um único sexo, dando sempre algum lugar aos do sexo oposto, justamente ali onde seu corpo, ao lado dos órgãos completamente formados de um sexo, traz também os rudimentos atrofiados, não raro tornados inúteis, do outro sexo. O que nos servia para diferenciar na vida do homem o masculino do feminino é uma equação empírica e convencional manifestamente insuficiente. Qualificamos tudo o que é forte e ativo como masculino, tudo o que é fraco e passivo como feminino. Essa bissexualidade psicológica é um fato a mais a onerar todas as nossas investigações, dificultando sua descrição.

O primeiro objeto erótico da criança é o seio materno nutridor, e o amor nasce apoiando-se na necessidade de nutrição. De início, por certo que o seio não se diferencia do próprio corpo; quando deve ser separado deste e transposto para *o exterior*, já que tantas vezes falta à criança, como "objeto" ele traz consigo uma parte do investimento libidinal narcísico original. Esse primeiro objeto mais tarde vai se completar para se tornar a pessoa da mãe, que não faz mais que nutrir, mas que também cuida e suscita um bom número de outras sensações corporais na criança, tanto as prazerosas como as não prazerosas. Com os cuidados corporais, ela se torna a primeira sedutora da criança. É nessas duas relações que se enraíza a significação única, incomparável, inalteravelmente fixada para toda a vida, da mãe como objeto de amor – em ambos os sexos. Aqui o fundamento filogenético de tal modo assume a primazia sobre a experiência da vida pessoal, acidental, que pouca diferença faz se a criança foi alimentada com a mamadeira e jamais pôde desfrutar da ternura dos cuidados maternos. Em ambos os casos o desenvolvimento segue o mesmo caminho, sendo possível que no segundo o anseio posterior seja um tanto maior. E à medida que a criança tiver sido nutrida pelo seio materno, após o desmame trará consigo a convicção de ter sido muito breve e muito pouco.

 Essa introdução não é supérflua e pode aguçar nossa compreensão da intensidade do complexo de Édipo. Quando o menino (a partir de 2 a 3 anos) entra na fase fálica do desenvolvimento libidinal, recebendo do membro sexual sensações prenhes de prazer e tendo aprendido a procurá-lo para estimulação manual, ele se torna amante da mãe. Ele deseja possuí-la corporalmente nas formas por ele adivinhadas por suas observações da vida sexual e pelas intuições que dela tem, e busca seduzir a mãe mostrando-lhe o membro masculino que ele tem orgulho em possuir. Sua masculinidade precocemente desperta busca, numa palavra, substituir a do pai, que de todo modo até então tinha sido seu modelo invejado, em razão da força corporal que nele percebe e da autoridade com que o revestiu. Seu pai é agora o rival que se encontra em seu caminho e do qual ele gostaria de se desembaraçar. Quando, na ausência do pai, ele tem o direito de compartilhar a cama com a mãe, ao que então é banido com o retorno do pai, a satisfação com o desaparecimento deste e a decepção com seu retorno constituem para ele experiências profundamente vívidas. Tal é o conteúdo do complexo de Édipo, que a lenda grega traduziu do mundo da fantasia da criança para a realidade pretendida. Em nossas condições culturais, via de regra, um fim horrível lhe é reservado.

 A mãe compreendeu muito bem que a excitação sexual do garoto se dirige à sua própria pessoa. Num belo dia ela percebe que não é justo dar livre curso a tal excitação. Acredita agir corretamente ao proibi-lo de se ocupar manualmente de seu membro. A proibição de pouco adianta, no máximo dando lugar a uma mudança no modo de autossatisfação. Por fim, a mãe recorre ao meio mais extremo e ameaça tirar-lhe a coisa com que ele a ameaça. O mais das vezes ela encarrega o pai de executar a ameaça, para torná-la mais horrível e mais crível. Ela vai dizer ao pai, e ele vai lhe cortar o membro. Curiosamente, essa ameaça só tem efeito se outra condição for cumprida antes e depois. Para o garoto, parece de todo inimaginável que possa acontecer algo dessa origem. Contudo, se, por ocasião da ameaça, ele puder se lembrar de ter percebido um órgão genital feminino ou se pouco depois vir alguém que realmente careça dessa parte tão apreciada, passa a levar a sério o que ouviu e, vindo a estar sob influência do *complexo de castração*, vivencia o mais forte trauma de sua jovem vida.[2]

Os efeitos da ameaça de castração são múltiplos e incomensuráveis, todos dizem respeito às relações do garoto com pai e mãe, e mais tarde com homem e mulher. Na maior parte do tempo, a masculinidade da criança não resiste a esse primeiro abalo. Para salvar seu membro sexual, ele renuncia mais ou menos completamente à posse da mãe, e frequentes vezes sua vida sexual é atormentada por uma proibição. Se um forte componente feminino, como nós o exprimimos, encontra-se nele presente, ele ganha força em razão da intimidação de sua masculinidade. Ele incide numa posição passiva em relação ao pai, como a que atribui à mãe. Na sequência da ameaça, certamente abandona a masturbação, mas não a atividade de fantasia que a acompanhava. Na verdade ela será mais cultivada que antes, uma vez que é a única forma remanescente de satisfação sexual, e em tais fantasias ele sempre vai se identificar com

---

2. A castração não está ausente da lenda de Édipo, pois a cegueira pela qual Édipo se pune após ter descoberto seu crime é, segundo o testemunho dos sonhos, um substituto simbólico da castração. Não se pode excluir a hipótese de que um traço mnésico filogenético seja igualmente responsável pelo extraordinário pavor provocado pela ameaça, um traço mnésico vindo dos primeiros anos da família pré-histórica, na qual o pai ciumento realmente roubava do filho o genital quando ele se lhe mostrasse um rival inoportuno junto da mulher. O costume imemorial da circuncisão, outro substituto simbólico da castração, só pode ser compreendido como expressão da submissão à vontade do pai (ver os ritos de puberdade dos primitivos). O modo como se plasma o decurso acima descrito entre povos e culturas que não proíbam a masturbação é algo que ainda não foi investigado.

o pai, mas, ao mesmo tempo, e talvez de forma predominante, com a mãe. Os derivados e produtos de transformação dessas fantasias onanistas precoces, via de regra, costumam ter acesso a seu *eu* posterior, tornando-se parte da formação de seu caráter. Independentemente de tal fomento de sua feminilidade, a angústia em relação ao pai e o ódio para com ele vão passar por grande intensificação. A masculinidade do garoto se retira, por assim dizer, dando lugar a uma postura de desafio ao pai, postura que compulsivamente regerá sua posterior conduta na comunidade humana. Como resíduo da fixação erótica na mãe estabelece-se uma dependência exagerada em relação a ela que mais tarde se prolongará como servidão em relação a uma mulher. Já não ousa amar a mãe, mas não pode arriscar não ser amado por ela, pois assim correria o risco de ser denunciado por ela ao pai e ficar exposto à castração. A inteira vivência, com todas as suas pré-condições e consequências, da qual o aqui exposto pode oferecer apenas uma seleção, incide sob uma repressão de extremada energia e, como o permitem as leis do inconsciente, todas as moções de sentimento e reações em antagonismo recíproco, à época ativadas, são mantidas no inconsciente, estando prontas para perturbar o posterior desenvolvimento do *eu* após a puberdade. Quando o processo somático da maturação sexual reanima as velhas fixações libidinais aparentemente superadas, a vida sexual se revela inibida, desunida e fragmenta-se em aspirações antagônicas entre si.

Por certo que a intervenção da ameaça de castração na vida sexual em germe do garoto nem sempre tem essas temíveis consequências. Também aqui vai se depender das relações quantitativas para se saber em que medida haverá dano e em que medida será evitado. O inteiro episódio, no qual bem se pode visualizar a vivência central dos anos de infância, o maior dos problemas dos primeiros anos e a fonte mais poderosa de insuficiências posteriores, é esquecida de modo tão radical que sua reconstrução no trabalho analítico depara com a mais resoluta incredulidade do adulto. O desvio chega a ponto de se reduzir ao silêncio toda evocação do tema rechaçado e, numa singular cegueira intelectual, não se reconhecem nem seus mais evidentes apelos. Com isso fez-se possível entender a objeção segundo a qual a lenda de Édipo nada tinha que ver de fato com a construção da análise, que era bem outro caso, já que Édipo não sabia que era a seu pai que ele havia matado e que era a sua mãe que ele havia esposado. Com isso, ignora-se que tal deformação seja indispensável quando se busca conferir uma forma poética a esse material, como se ignora que ela não introduz nada que seja estranho, mas apenas utiliza com habilidade os fatores dados no tema. A ignorância de Édipo é a apresentação legítima da inconsciência, que fez imergir no adulto a sua inteira vivência; e a compulsão do oráculo, que inocenta o herói ou deveria inocentá-lo, é o reconhecimento da indispensabilidade do destino que condenou todos os filhos a passar pelo complexo de Édipo. No campo da psicanálise, em outra ocasião se fez notar a que ponto é fácil resolver o enigma de outro herói da literatura, *Hamlet*, o indeciso descrito por *Shakespeare*, remetendo-o ao complexo de Édipo. Uma vez que o príncipe fracassa precisamente na tarefa que consiste em punir num terceiro o que coincide com o conteúdo de seus próprios desejos edipianos, a universal incompreensão do mundo literário mostrou a que ponto a massa dos seres humanos estava pronta para reter suas repressões infantis.[3]

No entanto, mais de um século antes do surgimento da psicanálise, o francês *Diderot* dera testemunho da importância do complexo de Édipo ao expressar a diferença entre os tempos originários e a cultura, no seguinte enunciado: "*Si le petit sauvage était abandonné à lui-même, qu'il conserva toute son imbecillité, et qu'il réunît au peu de raison de l'enfant au berceau la violence des passion de l'homme de trente ans, il tordrait le cou à son père et coucherait avec sa mère*".[4] Eu me atrevo a dizer que se a psicanálise não pudesse extrair glória alguma de nenhuma outra realização a não ser a da descoberta do complexo de Édipo recalcado, esta por si só já lhe permitiria ser arrolada entre as aquisições novas e preciosas da humanidade.

Os efeitos do complexo de castração na menina são mais uniformes e não menos profundos. A criança do sexo feminino por certo nada tem

---

3. O nome William Shakespeare é, muito provavelmente, um pseudônimo, por trás do qual se oculta um grande desconhecido. Um homem no qual se crê reconhecer o autor dos poemas shakespearianos, *Edward de Vere, Earl of Oxford*, quando ainda garoto perdeu um pai amado e admirado, e de todo renegou a mãe, que contraiu novas núpcias logo após a morte do marido.
4. Se o pequeno selvagem fosse abandonado, e que ele preservasse toda a sua imbecilidade, e juntasse, com a inocência da criança no berço, a violência da paixão do homem de trinta anos, ele viraria a cara para o pai e dormiria com a mãe. (tradução livre)

a temer quanto a perder o pênis, mas deve reagir ao fato de jamais o ter recebido. Desde o início, ela inveja o menino por ele o possuir, e pode-se dizer que seu inteiro desenvolvimento se realiza sob o signo da inveja do pênis. No início, ela faz vãs tentativas de se igualar ao menino e, mais tarde, empenha esforços mais frutíferos para sanar seu defeito, esforços que poderão por fim conduzi-la à posição feminina normal. Uma vez que ela, na fase fálica, tal como o garoto, procura o prazer pela estimulação manual de seu órgão genital, não raro não obtém satisfação que lhe seja suficiente, vindo a estender a toda a sua pessoa o juízo acerca da inferioridade de seu pênis atrofiado. Via de regra, ela abandona a masturbação por não querer que ninguém venha adverti-la sobre a superioridade do irmão ou de um companheiro de brincadeiras, ao que se desvia completamente da sexualidade.

Ao que a pequena mulher persiste em seu primeiro desejo de se tornar um "rapaz", num caso extremo ela acabará como uma homossexual manifesta ou, então, na posterior condução de sua vida, virá a expressar traços masculinos algo marcados, escolherá uma profissão masculina etc. Outra via passa pela separação da mãe amada, à qual a menina, sob a influência da inveja do pênis, não pode se perdoar de lhe ter posto no mundo tão insuficientemente provida. No rancor que por isso nutre pela mãe, ela a abandona e a substitui por outra como objeto de amor: o pai. Ao perder um objeto de amor, a reação mais evidente é a de se identificar a ele e depois o substituir de algum modo por uma identificação vinda de dentro. A identificação com a mãe vem aqui em auxílio à garota. A identificação com a mãe pode agora dissolver o vínculo com a mãe. A filhinha se põe no lugar da mãe, como sempre fez em suas brincadeiras, quer substituí-la junto ao pai e agora odeia a mãe antes amada, e por um duplo motivo, qual seja, o ciúme e a vergonha em razão do pênis recusado. Sua nova relação com o pai pode primeiramente ter por conteúdo o desejo de dispor de um pênis, mas atinge seu ponto culminante num outro desejo, que é o de receber como presente dele uma criança. Assim, o desejo de ter um filho assume o lugar do desejo de pênis ou ao menos se separa dele.

É interessante constatar que a relação entre complexo de Édipo e complexo de castração tem na mulher uma configuração bem diferente da que assume no homem, sendo-lhe mesmo oposta. Vimos que no homem a ameaça de castração põe um termo ao complexo de Édipo, e na mulher aprendemos que, ao contrário, é pelo efeito de sua ausência de pênis que ela é impelida para o seu complexo de Édipo. Para a mulher, isso trará um prejuízo menor se ela persistir na posição edipiana feminina (para essa posição propôs-se o nome de "complexo de Electra"). Em seguida, ela escolherá o marido em função das qualidades paternas e estará pronta a reconhecer sua autoridade. Seu anseio, de fato insaciável, de possuir um pênis pode encontrar satisfação se ela chegar a consumar o amor pelo órgão convertendo-o em amor por aquele que é seu portador, como em seu tempo se deu no progresso do seio materno à pessoa materna.

Se questionarmos a experiência do analista a fim de saber quais são as formações psíquicas dos pacientes que têm se relevado menos acessíveis à sua influência, a resposta será: na mulher, na maioria das vezes, é o desejo do pênis; no homem, a posição feminina em relação ao seu próprio sexo, que, sim, tem por premissa a perda do pênis.

Parte III – O ganho teórico

Capítulo 8
O aparelho psíquico e o mundo exterior

É evidente que todas essas ideias e pressuposições gerais que introduzimos em nosso primeiro capítulo foram obtidas mediante laborioso e paciente trabalho individual, do qual demos um exemplo no capítulo precedente. Agora pode nos parecer tentador lançar um olhar ao enriquecimento de nosso saber adquirido por tal trabalho e sobre as vias que abrimos para mais avanços. Por certo que percebemos a quantidade de vezes em que fomos instados a ultrapassar as fronteiras da ciência psicológica. Os fenômenos com que trabalhamos não revelam apenas a psicologia, mas tratam também de um aspecto orgânico e biológico, razão pela qual, em nossos esforços para edificar a psicanálise, contamos com descobertas biológicas significativas e não podemos evitar novas hipóteses biológicas.

Mas de início fiquemos ainda um tanto na psicologia: reconhecemos que é cientificamente irrealizável traçar uma linha demarcatória entre a norma psíquica e a anormalidade, de modo que essa distinção, não obstante sua importância prática, tem valor apenas convencional. Com isso, justificamos nosso direito a compreender a vida anímica normal a partir de distúrbios, o que não seria autorizado se esses estados mórbidos, as neuroses e psicoses tivessem causas específicas, se agissem ao modo de corpos estranhos.

O estudo de um distúrbio anímico que sobrevém durante o sonho – um distúrbio fugidio, inofensivo, que serve mesmo a uma função útil – proporcionou-nos a chave para a compreensão das afecções de alma permanentes e nocivas à vida. E agora ousamos fazer a seguinte afirmação: a psicologia da consciência já não era mais capaz de compreender a função anímica normal do sonho. Os dados da autopercepção consciente, os únicos que estavam à sua disposição, por onde quer que se os tomasse, mostravam-se insuficientes para trazer à luz a profusão e a implicação dos processos anímicos, para desvelar suas conexões e com isso reconhecer as condições dos distúrbios.

Nossa hipótese de um aparelho psíquico espacialmente estendido, constituído tendo em vista um fim, desenvolvido pelas necessidades da vida, e a ensejar o nascimento dos fenômenos da consciência apenas até determinado ponto, sob certas condições, nos deixou em condições de edificar a psicologia sobre fundações semelhantes às de qualquer outra ciência da natureza, por exemplo, a física. Aqui, como lá, a tarefa consiste em desvelar, por detrás das propriedades (qualidades) do objeto de pesquisa diretamente dadas por nossa percepção, algo de outro, já não tão dependente da receptividade particular de nossos órgãos sensoriais, aproximando-se muito mais do que se presume ser o estado real das coisas. Não esperamos poder atingir esse último estado, pois vemos que tudo o que inferimos de novo deve ser retraduzido pela linguagem de nossas percepções, da qual não mais podemos nos libertar. Mas aí se tem justamente a natureza e o caráter limitado de nossa ciência. Como dizíamos, é tal qual na física: se pudéssemos ver de modo mais penetrante, iríamos descobrir que os corpos aparentemente sólidos constituem-se de partículas de tal ou qual forma, tamanho, posicionando-se umas em relação às outras desse ou daquele modo. No momento, procuramos aumentar ao máximo a capacidade de desempenho de nossos órgãos dos sentidos valendo-nos de meios auxiliares, mas deve-se esperar que todos esses esforços não alterem em nada o resultado final. O real se manterá sempre "incognoscível". O ganho que atualiza o trabalho científico com base em nossas percepções sensoriais primárias consistirá em penetrar nas correlações e relações de dependência existentes no mundo exterior, e, assim, de maneira mais ou menos fiel, elas poderão ser reproduzidas ou refletidas no mundo interior de nosso pensamento, com seu conhecimento nos tornando aptos a "compreender" alguma coisa no mundo exterior, a poder prever e, na medida do possível, a modificá-lo. É de modo bem semelhante que procedemos na psicanálise. Encontramos os meios técnicos para preencher as lacunas de nossos fenômenos de consciência, meios de que então nos servimos tal qual os físicos se servem de experimentos. Por essa via, inferimos certo número de processos que em si são "incognoscíveis", nós os intercalamos entre os que nos são conscientes e se dizemos, por exemplo, que aqui houve a interferência de uma lembrança consciente, isso significa, precisamente: aqui se deu algo de totalmente inapreensível e, no entanto, se chegou à nossa consciência, só poderia ser descrito de tal ou qual maneira. Com que direito e com que grau de certeza realizamos, nesse caso, tais inferências e interpolações, isso evidentemente se encontra submetido à crítica em cada um dos casos, sendo inegável que a decisão não raro oferece grandes dificuldades, que se dão a ver na falta de acordo entre os analistas. Responsável por isso é a novidade da tarefa, portanto a falta de aprendizagem, mas também um fator particular inerente a nosso objeto, já que em psicologia, ao contrário da física, nem sempre se trata de objetos passíveis de despertar um frio interesse científico. Por isso, não há que se espantar além da medida se um analista que não esteja suficientemente convencido da intensidade de seu próprio desejo do pênis tampouco vá achar conveniente esse fator entre seus pacientes. Mas essas fontes de erros oriundas da equação pessoal ao final não vão significar grande coisa. Se lermos os velhos manuais de microscopia, é com espanto que ficamos sabendo que exigências extraordinárias eram feitas quanto à personalidade de quem observava pelo instrumento, quando era ainda um jovem técnico, enquanto hoje nada disso entra em questão.

Não podemos nos dar como tarefa esboçar aqui um quadro completo do aparelho psíquico e de suas operações, e, aliás, nos encontraríamos impedidos pelo fato de que a psicanálise ainda não teve tempo de estudar todas as funções adequadamente. Por isso vamos nos contentar com uma repetição pormenorizada das indicações dadas em nosso capítulo introdutório. O cerne de nosso ser é formado pelo obscuro *isso*, que não tem ligação direta com o mundo exterior e que se faz acessível ao nosso conhecimento somente pela mediação de outra instância. Nesse *isso* atuam *pulsões* orgânicas, elas próprias compostas, em proporções variáveis, por mistos de duas forças originárias (Eros e destruição) e das diferenças entre elas por sua relação com os órgãos ou com sistemas de órgãos. A única tendência dessas pulsões é a que visa à satisfação, que é atendida por certas modificações dos órgãos com auxílio de objetos do mundo exterior. Mas uma satisfação pulsional imediata e inconsiderada, tal como a exige o *isso*, com frequência levaria a conflitos perigosos com o mundo exterior e ao aniquilamento. O *isso* ignora toda preocupação de se garantir a sobrevivência, ignora a angústia, ou talvez pudéssemos mais corretamente dizer, pode mesmo desenvolver os elementos de sensações de angústia sem poder tirar proveito delas. Os processos que são possíveis no *isso* e entre os elementos supostamente psíquicos no *isso* (*processo primário*) diferenciam-se amplamente dos que nos são conhecidos na vida intelectual e sentimental pela percepção consciente; eles não se aplicam às limitações da lógica, que rejeita uma parte desses processos como inadmissíveis e os quer desfazer.

O *isso*, seccionado do mundo exterior, tem seu próprio mundo de percepção. Sente com acuidade extraordinária certas modificações em seu interior, sobretudo oscilações na tensão advindas da necessidade de suas pulsões, oscilações estas que se tornam conscientes como sensações da série prazer-desprazer. Por certo que é difícil indicar por quais vias e com o auxílio de quais órgãos sensíveis se produzem essas percepções. Mas o que se tem é que as autopercepções – as cinestesias e sensações de prazer-desprazer – dominam com violência despótica os decursos no *isso*. O *isso* obedece ao inexorável princípio do prazer. Ao que parece, as atividades das outras instâncias psíquicas são capazes apenas de modificar o princípio do prazer, mas não de suprimi-lo, e continua a ser uma questão teórica das mais significativas, até hoje não respondida, saber quando e como, para todas as situações, dá-se a ultrapassagem do princípio do prazer. Considerando que o princípio do prazer exige uma redução, e no fundo possivelmente uma extinção das tensões de necessidade (*Nirvana*), somos conduzidos à questão das relações, ainda não levadas em conta, do princípio do prazer com ambas as forças originárias, Eros e pulsão de morte.

A outra instância psíquica, que acreditamos conhecer melhor e na qual melhor conhecemos a nós mesmos, o assim chamado *eu*, desenvolveu-se a partir da camada cortical do *isso*, a qual se encontra, em razão de seu ajuste para a recepção dos estímulos e seu descarte, em contato direto com o mundo exterior (com a *realidade*). Partindo da percepção consciente, ele submeteu à sua influência circunscrições cada vez maiores e estratos mais profundos do *isso*, e mostra, em sua dependência firmemente mantida em relação ao mundo exterior, o selo indelével de sua proveniência (uma espécie de *made in Germany*). Seu desempenho psicológico consiste em elevar a um nível dinâmico superior os decursos do *isso* (por exemplo, transformar energia livremente móvel em energia ligada, esta correspondendo ao estado pré-consciente); sua função construtiva é a de intercalar entre a reivindicação pulsional e a ação de satisfação a atividade de pensamento que, orientando-se pelo presente e tirando proveito de experiências anteriores, por meio de tratamento de provas procura adivinhar o resultado de intentos desejados. Desse modo, o *eu* vem decidir sobre se a tentativa de chegar à satisfação deve ser executada ou deslocada, ou se a demanda pulsional deve ser reprimida como perigosa *(princípio de realidade)*. Assim como o *isso* visa exclusivamente a obtenção de prazer, o *eu* é dominado pela atenção à segurança. O *eu* tem por tarefa a autoconservação, que parece negligenciada pelo *isso*. Ele se serve das sensações de angústia como um sinal de que sua integridade está ameaçada. Uma vez que os vestígios mnêmicos podem se tornar tão conscientes quanto as percepções, sobretudo em razão de sua associação com vestígios linguísticos, tem-se aqui a possibilidade de uma confusão, que poderia levar ao desconhecimento da realidade. O *eu* dela se protege pela instauração do *exame de realidade*, que, no sonho, a depender das condições do estado do sono, pode não se realizar. Os perigos ameaçam o *eu*, que deseja se afirmar num ambiente de poderosas violências mecânicas, e esses perigos provêm, em primeiro lugar, da realidade exterior, mas não apenas daí. O próprio *isso* é uma fonte de perigos semelhantes, e por duas diferentes razões. Em primeiro lugar, forças pulsionais exageradas podem se mostrar danosas ao *eu*, da mesma forma que os "estímulos" por demais fortes do mundo exterior. Em segundo lugar, a experiência pode ter ensinado ao *eu* que a satisfação de uma demanda pulsional em si não insuportável conduziria a riscos no mundo exterior, ainda propriamente essa espécie de demanda pulsional se torne um perigo. O *eu*, assim, combate em duas frentes: deve defender sua existência contra um mundo exterior que o ameaça de aniquilamento e contra um mundo interior que lhe faz demandas em excesso. Ele aplica os mesmos métodos de defesa contra ambos, mas contra o inimigo interior a defesa é particularmente insuficiente.

Vimos que o *eu* fraco e inacabado do primeiro período da infância se faz duradouramente lesado pelos esforços que lhe são impostos para que se defenda dos perigos próprios a esse período da vida. Contra os perigos com que o ameaçam o mundo exterior, a criança é protegida pela solicitude dos pais; o preço a pagar por essa segurança é a angústia ante a *perda do amor*, que o deixaria em desamparo ante os perigos do mundo exterior. Esse fator exerce influência decisiva sobre a saída do conflito, quando o garoto se encontra na situação do complexo de Édipo, quando a ameaça de castração, que, reforçada desde os primeiros tempos, pesa sobre seu narcisismo, apossando-se dele pela castração. Por meio da atuação conjunta de ambas as influências, o perigo objetivo atual e o perigo recordado, de fundamento filogenético, a criança se vê constrangida a empreender seus intentos defensivos – repressões – que, adequados ao momento, não obstante vão se revelar psicologicamente insuficientes caso a posterior revivificação da vida sexual vier reforçar as demandas pulsionais já descartadas. O modo de consideração psicológica deverá então explicar que o *eu* fracassa em sua tarefa de dominar as estimulações do período sexual precoce, num período em que seu estado de inacabamento não o capacita a fazê-lo. Nesse retardo do desenvolvimento do *eu* em relação ao desenvolvimento da libido reconhecemos a condição essencial da neurose e não podemos nos esquivar da conclusão segundo a qual a neurose poderia ser evitada se se poupasse o *eu* infantil dessa tarefa, e, vale dizer, se se desse livre curso à vida sexual infantil, como não raro acontece entre os povos primitivos. É possível que a etiologia dos adoecimentos neuróticos seja mais complicada do que foi exposto aqui; o que se fez foi ressaltar uma porção essencial do nó etiológico. Não nos esqueçamos das influências filogenéticas, que são representadas de formas que ainda não nos são apreensíveis e que, nesse período inicial, por certo vão agir com mais força do que mais tarde. Por outro lado, temos a vaga intuição de que uma tentativa tão precoce de contenção da pulsão sexual, de que um tão resoluto tomar partido do jovem *eu* em favor do mundo exterior em oposição ao mundo interior, como a que se dá em razão da interdição da sexualidade infantil, não deverá se manter sem efeito sobre a posterior disposição à cultura pelo indivíduo. As demandas pulsionais forçadas a se apartar de uma satisfação direta são obrigadas a tomar novas vias, que levam à satisfação substitutiva, e no curso desses desvios podem ser dessexualizadas, afrouxando-se a ligação com seus objetivos pulsionais originais. Com isso antecipamos a tese de que boa parte de nosso tão estimado patrimônio cultural tenha sido adquirido às expensas da sexualidade, por limitação de forças pulsionais sexuais.

Se até aqui tivemos de, vez por outra, insistir em que o *eu* deve sua gênese, assim como os mais importantes entre seus caracteres adquiridos, ao vínculo com o mundo exterior real, desse modo preparamos a suposição de que os estados patológicos do *eu*, nos quais ele volta a se aproximar do *isso*, encontram-se fundados na supressão ou no relaxamento dessa relação com o mundo exterior. Em perfeita concordância com isso, a experiência clínica nos ensina que o motivo para a erupção da psicose é o de a realidade objetiva ter se tornado dolorosa a um ponto intolerável ou então as pulsões terem conhecido um extraordinário reforço, que, estando na raiz das demandas rivais do *eu* e do mundo exterior, só podem chegar ao mesmo efeito. O problema da psicose seria simples e transparente se a separação do *eu* em relação à realidade pudesse se realizar sem vestígio. Mas ao que parece, isso raramente se dá, talvez nunca. Mesmo no tocante a estados muito afastados da realidade efetiva do mundo exterior, como o de uma confusão alucinatória (*amentia*), mediante comunicação dos doentes após seu restabelecimento, fica-se sabendo que, num recanto de sua alma, assim eles se expressam, escondia-se naquele período uma pessoa normal, que, como observador não participante, deixava passear diante de si o espectro da enfermidade. Não sei se se pode supor que assim é de modo geral, mas posso informar algo semelhante sobre outras psicoses, de trajetória menos tormentosa. Ocorre-me um caso de paranoia crônica no qual, após cada acesso de ciúme, trazia-se à presença do analista a apresentação correta, totalmente isenta de delírio, do que tinha ocasionado o acesso. Resultava daí uma interessante oposição: enquanto, via de regra, adivinhamos com base nos sonhos do neurótico o ciúme estranho à sua vida em vigília, no psicótico é o delírio dominante durante o dia que se faz justificado pelo sonho. Provavelmente podemos tomar como de validade geral que em todos os casos desse tipo o ocorrido seja uma *cisão* psíquica. Formam duas posturas psíquicas em vez de uma postura única: a que leva em conta a realidade normal, e a outra, que, sob o influxo pulsional, separa o *eu* da realidade. Ambas coexistem. A saída depende da força relativa de ambas. Se a segunda é ou se torna mais poderosa, está dada a condição da psicose. Invertendo-se a proporção, o resultado é uma cura aparente da enfermidade delirante. Mas na realidade esta apenas se retirou para o inconsciente, e, aliás, de numerosas observações se pode inferir que o delírio estava formado havia um bom tempo, encontrando-se pronto antes que viesse a irromper de modo manifesto.

O ponto de vista que postula haver em todas as psicoses uma *cisão do eu* não poderia demandar tanta atenção se não demonstrasse seu acerto em outros estados, mais semelhantes à neurose e, finalmente, nas próprias neuroses. Eu me convenci disso sobretudo nos casos de *fetichismo*. Essa anormalidade, que se deve incluir entre as perversões, como é sabido, fundamenta-se na situação de o paciente, quase sempre do sexo masculino, não reconhecer a falta de pênis na mulher; toma-o como prova da possibilidade de sua própria castração, altamente indesejada. Por isso, desmente a percepção sensorial autêntica que lhe mostrou a falta de pênis nos genitais femininos, atendo-se à convicção contrária. Mas a percepção desmentida não deixou de exercer influxo, pois ele não tem a coragem de afirmar que realmente viu um pênis. Parece-lhe preferível recorrer a algo outro, uma parte do corpo ou alguma coisa, conferindo-lhe o papel do pênis que ele não quer perder. Na maioria das vezes, trata-se de algo que ele efetivamente viu naquele momento, quando avistou os genitais femininos, ou algo que se presta a substituto simbólico do pênis. Ocorre que seria injusto chamar de "cisão do *eu*" a esse processo da formação do fetiche; é uma formação de compromisso com o auxílio de um deslocamento, como se nos dá a conhecer pelo sonho. Mas nossas observações nos mostram ainda mais. A criação do fetiche segue-se à intenção de destruir a prova da possibilidade da castração, para que se possa escapar à angústia dela advinda. Se a mulher possui um pênis como outros seres vivos, não é necessário estremecer pela posse permanente do próprio pênis. E aqui encontramos fetichistas que desenvolveram a angústia de castração, bem como não fetichistas que a ela reagiram da mesma forma. Em seu comportamento expressam-se ao mesmo tempo duas pressuposições em sentido oposto. Por um lado, negam o fato de sua percepção, uma vez que não viram nenhum pênis nos genitais femininos; por outro, reconhecem a ausência de pênis na mulher e disso tiram as conclusões corretas. Ambas as atitudes coexistem durante toda a vida, sem se influenciar reciprocamente. É o que se pode chamar de *cisão do eu*. Esse estado de coisas nos permite compreender também que o fetichismo não raro é apenas parcialmente constituído. Ele não domina a escolha do objeto de maneira exclusiva, mas deixa espaço para maior ou menor medida do comportamento sexual normal, e por vezes se retira a ponto de ter não mais que um papel modesto ou não ser mais que um mero indício. Portanto, nos fetichistas a separação do *eu* em relação à realidade do mundo exterior jamais se faz perfeitamente consumada.

Não se deve imaginar que o fetichismo representa um caso excepcional à cisão do *eu*, uma vez que para tanto ele é apenas um objeto de estudo particularmente favorável. Retornemos ao que foi indicado, a saber, que o *eu* infantil, sob o domínio do mundo real, livra-se das demandas pulsionais mediante as chamadas repressões. Complementemo-lo agora constatando que o *eu*, durante o mesmo período da vida, não raro se encontra em situação de se defender de uma demanda abusiva do mundo exterior que ele sente como penosa, e isso se dá graças à *negação* das percepções que dão a conhecer essa demandada realidade. Tais negações sobrevêm com muita frequência e não apenas entre os fetichistas, aparecem onde nos encontramos em situação de estudá-las, mas comprovam mesmo ser meias medidas, tentativas incompletas de se desligar da realidade. Essa recusa é sempre de novo complementada por um reconhecimento: instauram-se sempre duas posições opostas e independentes entre si, que produzem esse estado de fato que é a cisão do *eu*. O resultado depende uma vez mais daquela entre ambas que puder se apoderar da maior intensidade.

Os fatos da cisão do *eu* que descrevemos aqui não são novos ou estranhos como pode parecer à primeira vista. Que existem, em relação a um comportamento determinado, duas atitudes distintas na vida da alma da pessoa, opostas uma à outra e independentes uma da outra, eis aí um caráter geral das neuroses, a não ser pelo porém de uma pertencer ao *eu*, enquanto a atitude oposta, como recalcada, depender do *isso*. A diferença entre ambos os casos é essencialmente uma diferença tópica ou estrutural, e nem sempre é fácil decidir com qual das duas possibilidades se está a lidar no caso em questão. O traço importante que ambas têm em comum reside no seguinte: o que quer que o *eu* esteja a apreender em seus esforços de defesa, seja negar uma porção do mundo real, seja descartar uma demanda pulsional do mundo interior, jamais o resultado será completo nem isento de vestígio, resultando daí sempre duas atitudes opostas – e dessas a que subjaz, a mais fraca, conduz a complicações psíquicas. Como conclusão, seria necessário fazer menção a quão pouco de todos esses processos nós conhecemos pela percepção consciente.

Capítulo 9
O mundo interior

Para dar a conhecer uma coexistência complexa, não temos outra via a não ser descrevê-la em sua sucessão, e por isso todas as nossas exposições pecam em primeiro lugar por uma simplificação unilateral e, com isso, esperam ser completadas, ser providas de um estágio superior e, assim, retificadas.

A representação de um *eu* a mediar entre o *isso* e o mundo exterior, que assume as exigências pulsionais do *eu* para conduzi-las à satisfação, efetua sobre o *isso* percepções das quais ele se vale como lembranças e que, cioso de sua autoconservação, põe-se em estado de defesa ante as demandas abusivas e por demais fortes vindas de ambos os lados, sendo assim guiado em todas as suas decisões pelas diretivas de um prazer modificado; essa representação só diz respeito ao *eu* que se tem até o final do primeiro período da infância (por volta dos 5 anos). Nessa época, realizou-se uma importante modificação. Uma porção do mundo exterior é abandonada como objeto, pelo menos parcialmente, e acolhida no *eu* (por identificação), tornando-se assim um componente do mundo interior. Essa nova instância psíquica dá prosseguimento às funções que seus entes do mundo exterior tinham exercido – ela observa o *eu*, dá-lhe ordens, dirige-o e o ameaça com punições, exatamente como os pais, de quem ela vem ocupar o lugar. A essa instância chamamos de *supereu*, nós a vivenciamos em suas funções judiciais como nossa consciência moral. Digno de nota é que o *supereu* frequentemente desenvolve uma severidade da qual os pais reais não foram o modelo. E é também digno de nota que o *eu* não exige satisfações apenas de suas ações, mas também de seus pensamentos e propósitos não concluídos, que parecem ser dele conhecidos. Isso nos traz à lembrança que também o herói da saga de Édipo se sente culpado em razão de suas ações e submete-se a um autocastigo, ainda que a compulsão do oráculo devesse declará-lo livre de culpa tanto em nosso juízo como no dele. O *supereu* na verdade é o herdeiro do complexo de Édipo e só se impõe após sua resolução. Por isso seu excesso de severidade não responde a um arquétipo objetivo, mas corresponde à intensidade da defesa empregada contra a tentação do complexo de Édipo. Um vislumbre dessa relação de coisas indubitavelmente subjaz à afirmação dos filósofos e à dos fiéis, a saber, que o senso moral não é instilado ao homem pela educação nem pela vida comunitária, mas lhe foi implantado de um lugar mais elevado.

Enquanto o *eu* trabalha em plena concordância com o *supereu*, não é fácil distinguir as exteriorizações de ambos, mas as tensões e alienações entre eles se fazem notar com muita nitidez. O tormento provocado pelas censuras da consciência moral corresponde precisamente ao medo, pela criança, da perda do amor, que lhe introduziu a instância moral. Por outro lado, quando o *eu* substitui de forma bem-sucedida uma tentação de fazer algo que seria escandaloso para o *supereu*, ele se sente elevado em seu sentimento de si e reafirmado em seu orgulho, como se tivesse logrado uma valiosa conquista. Desse modo, o *supereu* segue cumprindo para o *eu* o papel de um mundo exterior, ainda que tenha se tornado parte do mundo interior. Para todas as fases posteriores da vida, ele representa a influência dos tempos de infância do indivíduo, os cuidados corporais, a educação e a dependência em relação aos pais, o tempo de infância que entre os seres humanos tanto se prolongou em razão da convivência em famílias. Com isso, não apenas se fazem valer as qualidades pessoais desses pais mas também tudo quanto exerceu efeito de comando sobre eles próprios, as inclinações e exigências do regime social em que vivem, as disposições e tradições da raça de que descendem. Para os que preferem comprovações gerais e distinções taxativas, pode-se dizer que o mundo exterior em que os indivíduos se encontram após a separação dos pais representa o poder do presente, seu *isso* com suas tendências herdadas do passado orgânico, enquanto o *supereu*, que se vem acrescentar mais tarde, representa antes de mais nada o passado cultural que a criança deve, por assim dizer, revivenciar nos poucos anos de sua idade precoce. Que tais generalidades se façam universalmente corretas, não é algo fácil. Parte das aquisições culturais certamente deixou sua sedimentação no *isso*, e muito do que traz o *supereu* terá seus ecos no *isso*; muito do que a criança vivencia como novo será reforçado por repetir uma ancestral vivência filogenética ("o que tu herdaste de teus pais, adquire para possuí-lo"). Assim, o *supereu* assume uma espécie de posição intermediária entre o *isso* e o mundo exterior, unificando-se nas influências do presente e do passado. Na instauração do *supereu*, pode-se dizer que vivencia-se também um exemplo do modo com que o presente se transpõe em passado.

Este livro foi impresso pela Gráfica Plena Print
em fonte Minion Pro sobre papel Ivory Bulk 65 g/m²
para a Edipro no outono de 2025.